焦虑心理学

李莎　欧阳健舒◎著

中国纺织出版社有限公司

内容提要

焦虑是一种广泛存在且微妙的情绪体验，焦虑是我们自身心情郁结的结果，但只要我们学会调节、积极面对压力、淡化烦恼，那么自然就可以消除焦虑的不良情绪。

本书就是一个为广大读者提供的缓解焦虑的自救良方，它可以帮助我们理解自身状态、控制思维，最终帮助我们消除无处不在的焦虑，重获安全、自控、自在的生活。

图书在版编目（CIP）数据

焦虑心理学 / 李莎，欧阳健舒著. --北京：中国纺织出版社有限公司，2020.1（2023.7重印）

ISBN 978-7-5180-6850-0

Ⅰ.①焦… Ⅱ.①李… ②欧… Ⅲ.①焦虑—通俗读物 Ⅳ.①B842.6-49

中国版本图书馆CIP数据核字（2019）第229685号

责任编辑：李　杨　　责任印制：储志伟

中国纺织出版社有限公司出版发行

地址：北京市朝阳区百子湾东里A407号楼　邮政编码：100124

销售电话：010—67004422　传真：010—87155801

http://www.c-textilep.com

中国纺织出版社天猫旗舰店

官方微博http://weibo.com/2119887771

北京兰星球彩色印刷有限公司印刷　　各地新华书店经销

2020年1月第1版　2023年7月第2次印刷

开本：880×1230　1/32　印张：6

字数：108千字　定价：39.80元

前言

“一到晚上我就害怕，因为我要熬过漫漫长夜，失眠是最痛苦的。我也不知道为什么会失眠，只知道一到夜里，好像就有很多奇怪的念头钻入我的脑袋里，可是每天都很忙，还有做不完的报表，还要开会，我告诉自己必须要睡着，可是越这么想，越是睡不着。我感觉头都要炸开了！”

“我毕业以后就在这个城市打拼，一晃8年了，但是这个城市发展速度太快了，以至于8年来我觉得自己依然一无所有。我不敢交女朋友，不敢出去旅游，不敢买贵重的东西，更不敢生病，因为只要我一停下脚步，好像就要被这个城市甩在身后，我知道这是自己吓唬自己，但就是控制不住，惶恐不安。”

“我真为自己的性格感到恼火，和我一同进入公司的同事都升职了，除了我，因为我不会表现自己，就连开会发个言我都紧张得不行，真不知道我该怎么办。”

“真要命，马上要开年会了，经理让我做个演讲报告，手里还有一堆活儿没干呢，要是干不完，又要被领导骂了，这个月的奖金也泡汤了……谁能救救我？”

“最近总感觉身体不舒服，我在网上查了一些相关的症状，真是越想越可怕，我好像得了绝症！今天鼓起勇气去医院做了检查，但是结果要三天后才能出来，这三天怎么熬过去啊？我快要疯了！”

……

这些情景，是不是很熟悉？也许你不熟悉，但或多或少有过体验吧？这种无法控制、难以捉摸的负面情绪，就是心理学上常常讨论的焦虑。

那么，什么是焦虑症呢？焦虑症，又称焦虑性神经症，是神经症这一大类疾病中最常见的一种，以焦虑情绪体验为主要特征。焦虑发作时的主要表现为：无明确客观对象的紧张担心、坐立不安，还有植物神经功能失调症状，如心悸、手抖、出汗、尿频等以及运动性不安。注意区分正常的焦虑情绪，如焦虑严重程度与客观事实或处境明显不符，或持续时间过长，则可能为病理性的焦虑。

其实，大部分人都有过焦虑的体验，焦虑是个普遍存在的问题。而且，几乎我们每个人都曾被焦虑困扰过。当然，我们也几乎都是在遇到烦恼、痛苦或者其他不好的事情时才会焦虑，并且程度并不会很强烈，这种情况我们称之为现实性焦虑，也叫作合理性焦虑。

有些人，即使在没有消极事件的情况下也无法控制自己的情绪，他们的头脑中会不停地出现一些不好的想法，好像自己的情绪会突然失控一样，随时都在发出蜂鸣声。这种焦虑才是本书所要讨论的，我们称之为广泛性焦虑，也叫作破坏性焦虑。

每个人都会出现或多或少的焦虑症状，正常的焦虑情绪能够帮助我们面对突发的事情，但是长期的焦虑情绪却会影响我们的心理健康。

相对于痛苦、抑郁、愤怒这些典型的负面情绪，焦虑就微妙多了，甚至提到焦虑，很多人无法用语言表达出来。我们知道如何平息愤怒情绪，如何从悲伤中走出来，但却对焦虑束手无策，而且，似乎我们越想控制，越是无法摆脱它。

那么，我们到底该如何对抗焦虑呢?

本书就是这样一本心理学指导用书，旨在帮助读者认识广泛存在于现代人身上的焦虑症如何影响我们的生活，并对此进行了深度的剖析；同时结合多名心理学家的治疗经验和大量临床案例，得出了许多简单、实用、有效的技巧，希望能够教给读者一些预防和掌控焦虑情绪的好方法并对读者朋友有所帮助。

编著者

2019年7月

第 1 章

努力打拼的现代人，总是焦虑满满

现代社会，随着人们生活节奏的加快、生存压力的增大，越来越多的人为焦虑而困扰。心理学家指出，焦虑，是指一种焦躁忧虑的情绪，当我们面对具有挑战性或危险性的活动时，就会产生焦虑，任何一个人，如果过度焦虑，就会影响自己的情绪，乃至生活和工作，其实，相对于焦虑而言，我们更应该看清问题，并平稳自己的情绪，然后找办法去解决，一味地担忧只不过是在忙乱中兜圈子而已。

焦虑犹如毒气弹，蔓延在社会的各个角落

现代社会，人们的生活节奏越来越快，压力也越来越大，仿佛只要你稍微慢一点，就会错过什么，就会落后于他人，就会跟不上时代的步伐。于是，我们变得越来越焦虑，好像你没赚到大钱，没买上比特币，没有买房，没有创业成功，就被人抛弃了似的。

和很多城市上班族一样，小张每天都过着忙碌又紧张的生活，但最近一段时间，他觉得自己一到下半个月就开始浑身不自在、坐立难安、无法集中精力，甚至还失眠，而过完月底最后一天这些症状就消失了。

他的同事建议他去看看心理医生，经过心理医生的问询和分析发现，原来小张每个月月底最后一天发工资，而月底要交房租、还花呗和信用卡，一发工资，这些顾虑就消除了。

小张在了解清楚问题的症结后，开始规划自己的经济问题，月底也会留足充足的资金，这样，他发现自己的焦虑症也好了大半。

这里，小张每月下半月那些奇怪的表现就是焦虑情绪作用下的生理反应。

心理学家指出，焦虑，是指一种焦躁与忧虑的情绪，在

遇到一些挑战性活动时，焦虑能激发我们的身体机能和提升我们的智力水平，提高我们大脑的反应速度，以帮助我们解决问题。因此，从某种程度上来说，焦虑的存在是有积极意义的。

然而，如果一个人一直焦虑不安的话，就会身心压抑，严重的甚至无法应对日常的工作和生活。我们发现，日常生活中，一些人总是和林黛玉一样多愁善感，天气变化都会触动他们的情绪。他们会感到莫名的悲观、沮丧，而在众多选择面前，他们尤为不适，这种人就是容易焦虑且情绪化的人。

生活中关注自身情绪的人并不多，大部分人缺乏情绪的自我调节能力，其实当被焦虑情绪困扰时，辨识其来源非常重要，它能使我们针对性地进行调节。人类的生存条件在逐步完善，科技在不断发展，可随着社会的发展，越来越多的人却受到焦虑情绪的影响，这又是源于什么呢？

1.社会生存环境的不确定性

这里的不确定有很多，比如企业对员工提出的越来越高的工作目标、生存压力的增大、自身能力提升的必要性等。另外，我们也越来越注重心灵的自由，工作压力、婚姻危机等都是社会急剧变化所带来的不确定性，而当我们处于有很多不确定性的境地时，很容易就会引发出焦虑的情绪。

2.不断膨胀的欲望和行动力不足之间的冲突

我们想要的越来越多，当欲望不能被满足时，焦虑也就产生了。

3.超前消费

随着现代支付手段的多样化，人们很多时候开始选择超前消费，因此也就需要偿还债务。然而有限的收入让人们对此难以应对。这也是构成现代人焦虑情绪的重要来源。

4.健康问题

医疗条件固然越来越好，但环境污染、生活习惯、社会节奏加快所带来的一系列健康问题有增无减。例如，缺乏运动导致的肥胖问题，困扰现代人的睡眠问题等，都容易引发人们的焦虑情绪。

德国一位哲学家曾讲过这么一句话："没有什么情感比焦虑更令人苦恼了，它给我们的心理造成巨大的痛苦。"很多焦虑症患者都是因为无法摆脱内心的忧虑而焦虑，并非由实际威胁引起，其紧张惊恐程度与现实情况很不相称。追求快乐是人类的本能。因此，通常来说，焦虑是无谓的担心。

对此，心理学家建议可以采用如下一些自我调节的方法排解焦虑的情绪。

1.挖掘出引起焦虑的根本原因

研究发现，人们患焦虑症是有一个过程的，他们的潜意识中长期存在一些被压抑的情绪体验，或者曾经受到某种心灵的创伤，并且，这些焦虑症状早就以其他形式体现出来，只是本人没有对自己的情况引起重视而已。因此，生活中的我们，一旦发现自己有焦虑情绪，就应该学会自我调节、自我调整，把意识深层中引起焦虑和痛苦的事情发掘出来，必要时可以采取合适的发泄方法，将痛苦和焦虑的根源尽情地发泄出来，经过发泄之后症状可得到明显改善。

2.尽可能地保持心平气和

有句俗语叫“欲速则不达”。要摆脱忧虑最忌急躁，当然，对于那些有焦虑情绪的人，这是有一定难度的。要有所认知，你的担忧是不必要的，因为它们发生的概率很小，不必要自寻烦恼。

3.尝试着让自己安静下来

如果你的心无法安静，可以尝试着先换一下环境，然后闭上双眼，深呼吸，慢慢地放松，多尝试几次会更好。

4.从心底去除杂念

如果你因为想一个问题想得过于复杂，可以尝试着问自己，自己想这个问题究竟是为什么、是什么让自己变成这样。多问几次后，自己就可以了解自己的困惑，从而从心底去除这个杂念。

5.学会自我减压，别把成绩的好坏看得太重

一分耕耘，一分收获，只要我们平日努力了、付出了，必然会有好的回报，又何必让忧虑占据心头，去自寻烦恼呢?

6.学会做些放松训练

做这些训练前，请先放松自己的身体，心情也要放松，躺在床上或者沙发上，然后向身体的各部位传递休息的信息。先

从左脚开始，使脚部肌肉绷紧，然后松弛，同时暗示它休息，随后命令脚脖子、小腿、膝盖、大腿，一直到躯干，之后，再从脚到躯干，然后从左右手放松到躯干。这时，再从躯干到颈部、头部、脸部全部放松。这种放松训练的技术，需要反复练习才能较好地掌握，而一旦你掌握了这种技术，会使你在短短的几分钟内达到轻松、平静的状态。

总之，当你心中焦虑、无法安静下来、倍感苦恼时，相信以上几点方法能帮助到你。

你那么担心，事情就能好转吗

现代社会，不管是精神文明还是物质文明，都进入高速发展的时代。因为生活节奏的加快，也因为工作压力的增大，人们的心理问题越来越多，其中最广泛的就是焦虑问题。其实，焦虑已经成为非常普遍的一种社会现象，不管是高层的社会精英还是底层的农民工，几乎人人都无法摆脱焦虑的困扰。打个形象的比方，焦虑就像一场重感冒，是很容易扩散和传播的。要想避免焦虑无限蔓延，我们就要读懂焦虑的本质，不要与生活背道而驰。不管遇到什么问题，担忧、焦虑都无济于事，我们唯有坦然接受，然后找到最佳的解决方法，才能避免过度挣扎导致的伤害。

近来，人到中年的老王失业了，他的女儿刚上小学，又开始学习钢琴，一个月孩子的支出多了几千元，他前一年换了房子，换房子时他并不知道自己会面临失业的窘境，因而他每个月还要承担近万元的月供。如此一来，他突然间觉得人生晦暗无光，似乎一切都失去了希望。为此，老王整日在家蒙头大睡，还时常喝得醉醺醺的，觉得人生毫无方向。

对于老王的状态，妻子刚开始时并没有过分担忧，她也什么都不说，只想给老王一个缓冲与发泄的时间。然而，一个月过去了，老王的状态依然没有改善，妻子不得不发声了。

一个周五的晚上，妻子做了一桌子的好菜，说："明天就是周末了，今晚上咱们好好喝一杯吧。"酒过三巡，妻子先安排好孩子睡觉，然后又与老王推杯换盏。

这次，他们夫妻二人在醉意中彼此敞开心扉，交谈了很多平日里不曾提起的内心深处的话题。最后，妻子说："我想，人生总是有时风雨有时晴的。我们应该坦然接受，工作丢了没关系，还可以再找。只要咱们一家人在一起高高兴兴、平平安安的，一切都会好起来的。"听了妻子的话，老王感动得流下眼泪，说："放心吧，我会振作起来的。我还有你和女儿，我很富有，我也肩负着责任。"

接下来的一个多月里，老王每天都在四处奔波找工作，虽然因为年纪大了而处处碰壁，但是他毫不气馁。最终，老王找到了一份很理想的工作，不但工资不比以前少，而且福利待遇也更好了。

很多时候，我们喜欢和命运较劲，因为不知道命运的洪流到底会把我们冲到何方。无论如何，当我们与命运背道而驰时，我们的生活就会变得一团糟。既然很多事情一旦发生就是无可更改的，与其抱怨或者悲泣，不如鼓起勇气接受和面对。

很多情况下，我们之所以焦虑，正是因为对于自己的生活过度期待。一旦不如意，就会陷入担忧之中，然而，我们没有认识到的是，过度担忧对事情的改善毫无用处，唯有更好地面对未来、憧憬未来，我们才能从实现目标的喜悦中得到自信的满足。

那么，在难题出现后，我们如何避免焦虑而将问题解决呢？

你可以问自己以下几个问题：

问题一：究竟出了什么问题？

问题二：为什么会出现这样的问题？

问题三：这一问题还能找到其他什么解决方法？

问题四：你建议用哪一种方法？

面对生活中的暴风雨，你可以弯下自己的腰，选择顺从，保护自己；你也可以继续顽强地反抗它，不过要做好受伤的准备。如果你为此忧虑，你首先要学会接受那些无法改变的事实。

总而言之，既然生活不可预料，我们就不能抱怨，更不能焦虑，而应该顺其自然，坦然接受，并努力寻求最好的解决途径，进而让事情朝着更好的方向发展。

过去的那些伤痛，让你彻夜难眠

在我们的生命中，都曾有过痛苦的过往，那些伤痛，或大或小，心态好的人懂得调节自己，所以他们不会为此焦虑。也有一些人，总是放大痛苦，无法消解，然后为痛苦焦虑，甚至是失眠。实际上，当你彻夜难眠时，明天的太阳依然会升起，无论你是否焦虑，都无法改变过往，不如尝试着快乐起来。

卢梭说："除了身体的痛苦和良心的责备以外，一切痛苦都是想象出来的。"俗话说得好："生活像面镜子，你哭它就哭，你笑它就笑。"想让我们生活中的笑更多些，就要从过去痛苦的过往中走出来。

我们先来看看一位失恋女孩的心声：

刚开始的几天心里面真的很难受。我是一个很固执的人，认为自己再也走不出记忆了。现在我都不太清楚那些天是怎样过来的，曾经我强迫自己睡觉，可越是这样，那些画面在我的脑中越清晰。悲伤、难受这些词根本无法诠释我当时的心情。也不知道是从什么时候开始我接受了这个事实，不再刻意地去想以前，更不去想以后没有他的日子我该怎么办，我努力地生活，努力地让自己快乐，我关心身边的每一个人。渐渐地让自己走出来了，偶尔听别人提到他，也忍不住去关心一下，但是我知道这已经与爱情无关了。

恐怕很多人在爱情的路上都受过伤，也都有过这样一段

“疗伤”的经历。面对失恋，即便你再难过，也要记住，无论如何，明天都会来到。所以，不如让心安静下来，睡个安稳觉。

的确，对于已经发生的事，我们无力更改，但我们依然可以昂首阔步地走路，也可以像平时一样生活。接下来，我们来看一个故事：

那是很多年前的一个10月的晚上，内战刚结束，街上有个无家可归的女人，这个女人为了求得一些温饱，鼓足勇气敲开了一位妇人的门，这位妇人是当时一位退休船长的太太——韦伯斯特太太。

韦伯斯特太太是个心地善良的人，她看到门口站着的可怜女人，赶紧招呼她进屋，可怜女人连连感谢，但韦伯斯特太太说：“没有关系的，反正这么大的一个房子，只有我一个人住。”

就在韦伯斯特太太准备安置这个可怜的女人时，她的女婿刚好从纽约到此度假，准备晚上住这里，当他看到家里来了一个这么脏兮兮的“乞丐”时，他心生厌恶，便将她赶出去了。

外面已经很冷了，而且还下着雨，她在外面找了很久，才勉强找到一个可以避雨的地方。

可能韦伯斯特太太的女婿并不知道，当时他赶走的可怜女人日后会成为世界上颇具影响力的一位女性——马克·贝克·艾迪，也就是基督科学教派的创始人，到后来，她有几百万信徒。

然而，马克·贝克·艾迪饱受苦楚。她身患疾病，而且事事不顺。她的第一任丈夫在婚后不久就死了；她的第二任丈夫与一个有夫之妇私通，不过这个男人最后死于贫民窟。她原本有一个儿子，但是因为那个时候她贫病交加，她不得不将4岁的儿子交给别人抚养，31年来，他们从未见过面。

她为健康问题而困扰，后来她一直对自己推崇的“心灵治疗科学”很感兴趣，这一方法让她的身体慢慢好起来。这件事也是机缘巧合，当时，在麻省一个冷风刺骨的夜里她一个人在街上踟蹰着，谁知一不小心在结冰的人行道上滑倒了，她摔得失去了知觉，脊椎也摔伤了，好心人将她送到医院，但是医生告诉她已经没救了，即使能保住性命，估计也是终身瘫痪。

那个时候的她已经躺在床上等死了，人生毫无希望。一天，她打开《圣经》，然后看到了《马太福音》中的一段话：“于是，他们带了一位不能行走的人，躺在床上来到耶稣跟前……耶稣对他说：‘孩子，平安吧，我已经赦免了你的罪过……站起来吧——拿着你的床，回家去吧。’于是，那人就站起来回去了。”

她认为这一切都是来自圣灵的指引，后来，她说，正是因为耶稣的话在自己的心里产生了一股无形的力量，那就是信念。那句话治愈了自己的心灵，让自己真的可以下床走路。“那件事之后，我找到了治疗自己和他人的方法……这些方法是科学的，因为它是发自人的内心的力量，是一种心理现象。”

就这样，最后，艾迪创立了一种新的宗教，也就是基督科学——一个特殊的宗教，现在，它已经在全世界传扬开来。

从艾迪的故事中，我们看到，一个人的心理状况在很大程度上影响着一个人的生理能力，好心态能克服我们的忧虑，甚至是身体上的病痛。

伟大的法国哲学家蒙田更把下面这句话奉为人生信条："伤害我们的并不是事情本身，而是我们对事情的看法。"的确，对于事情的看法来自我们自己。

实用心理学大师威廉·詹姆斯曾经有这样的心得：行动似乎是跟着感觉走的，但二者实际上是并行的，多以意志控制行动，也就能间接地控制感觉。也就是说，虽然我们不能内心一做决定就立即改变自己的情绪，但是最起码我们已经付出了努力。对此，詹姆斯的解释是："假如现在的你不开心，那么，你唯一可以做的就是挺直你的身体，然后装成开心的样子去做事和说话。"付诸行动了，我们也的确可以慢慢改变，当我们能改变自己的行动时，也就能自动改变感觉了。

这样一个简单的行为真的奏效吗？其实你可以自己试试看，你可以先在你的脸上堆一个大大的微笑，然后放松你的肩膀，深深地吸上一口气，再开心地唱首歌，如果你不会唱歌，没事，那就吹口哨吧，如果你连吹口哨都不会，那么，你可以哼着小调儿。很快，你就知道威廉·詹姆斯话里的含义了：如果你的行为散发的是快乐，那么，你的心里就不会有任何阴郁的色彩。

为什么一到人群中你就感到焦虑

多数人都希望获得良好的人际关系，他人的评价是我们社会价值的重要体现。然而，我们生活的周围有这样一类人：他们因容貌、身材、修养等方面的因素而不敢与周围的人交往，逐渐产生孤僻心理，甚至开始对与人交往产生恐惧心理。这在心理学上被称为社交焦虑症。他们在人际交往中感到惶恐不安，并出现脸红、出汗、心跳加快、说话结巴和手足无措等现象。

心理学家经过跟踪调查发现，在人际交往中，那些心理状态不健康者，相对于那些健康者，往往更难获得和谐的人际关系，也无法从这种关系中获得满足和快乐。事实上，我们每个人都是社会人，都必须与人打交道，因此，如果你也内心孤僻，那么有必要调节自己的心态，大胆走出去。

曾经，在美国有个叫彼得的律师。在一次电视访谈节目中，他看到一位名人的事迹，他很想认识这位名人，于是他给这个名人打电话，希望能探讨一些问题。

名人很忙，根本没时间见他，所以二人一直没有达成约见事宜，并且，面对普通人的来电，这个名人也很冷淡，但是彼得仍然坚持给他打电话。后来，他们终于在圣地亚哥见了面。从那以后，他们就成了好朋友。

与此相似，演员查克·康纳斯在一次大学返校节游行上看到了他未来的妻子，他打了6次电话后，她才最终答应赴约。鲁丝·芭吉的丈夫在与她交往前给她打了30次电话后，他们才最终见面。

其实，与人交往，我们都应当具备信心，主动交往，这并不是让你去搭讪所有遇见的人，而是希望你明白：如果善于主动与人交谈，你的人际网会变得更广，你的"个人问题"也许不再成为"问题"。

我们任何人，要想摆脱社交焦虑，就必须先改变心态，然后再进行必要的心理调适和训练。具体有以下几种方法。

1.完善个性品质

只要你拥有良好的交往品质，走出恐惧的第一步，就能受到朋友们的喜欢，慢慢地，心结也就能打开了。"人之相知，贵相知心"，真诚的心能使交往双方心心相印，彼此肝胆相照，真诚的人能使交往双方的友谊地久天长。

2.克服自卑，具备自信心

生活中，有这样一些人，与人交往中总是表现得很自卑，甚至躲着他人，走路时低着头，说话时只有自己听得见，不愿跟熟人打招呼，不敢正视他人的眼睛，这些表现都是社交恐惧和自卑心理在作怪。我们要想处理好人际关系，首先就必须克服这一点。

高度的自信心意味着对自己信任、尊重和肯定，也意味着对自己生活的实力充分的了解。

对此，我们要把与人交往当成一种兴趣而不是负担。你要明白，现代社会，没有人可以活在自我封闭的世界里，每个人只有在与人交往、不断学习的过程中，才会获得自我提高和发展。

3.改变心境，积极交往

大多数人习惯了在人际交往中充当接受者的角色，他们习惯了别人投来赞许的目光、送来微笑甚至是发出邀请，然而因为他们遇到的大多数人也同样在等待，所以结果往往是谁也不认识谁。与这些被动等待的人交谈，常常会听到他们消极地抱怨："事情总是没有什么结果"。其实确切一点，他们应该责备自己为什么一旦受到挫折、冷遇，就不再愿意尝试。

4.主动融入别人的会话

关于如何融入别人的会话，你可以遵循这样一个建议：找到交际场合的中心人物，并向他介绍你自己。在你所处场合的人群中，中心人物更喜好结交生人，更容易接受你的自我介绍，并主动将你推荐给其他人。

5.选择谈话主题

当你有了自信、鼓起勇气再次找人攀谈时，又会出现另一个问题：谈些什么好呢？下面有几条建议。

（1）别涉及那些一两句就能结束的话题。对于"嘿，你好吗？"或"你觉得今天天气如何？"之类的问题，大多人的第一反应会是："你好无趣！"你希望别人这样看你吗？

（2）以评论时事为突破口。但你不可纠缠那些敏感的政治问题，尤其不要讨论战争，多以轻松愉快的话题为主。

（3）以周围环境为话题。例如，你所参加的聚会场景的环境如何、音响效果如何都可任你评论，看到什么你张口说便好了。

（4）任何事都可以成为话题。当你和一群人在一起闲聊而脑子里突然有了一个想法，就赶紧把它拿出来谈吧，比如“这杯饮料不怎么样！你在喝什么？”，“嘿！你这身行头不错，哪儿来的？”等。

最重要的是，别纠缠在你不感兴趣的会话里，这对任何人都没好处！

6.区分心理优势和“清高”

心理优势与所谓的“清高”是不一样的概念。有一些人，他们总是觉得自己与众不同甚至高人一等，于是，在与人交往中，他们会表现得清高、不理人，但实际上他们的能力不一定比他人强，为此，他们只能故作清高，将内心封闭起来，即使他人想与他交往，他也会表现得十分茫然、不知所措。当大家都不理他时，他又会觉得自尊心受到了伤害。而有心理优势的人则不一样，他们在与人交往的时候，表现得镇定自若，即使遇到他人的恶意攻击，他们也能坦然面对，这才是真正的气场。

7.时刻保持良好的社交礼仪

中国是礼仪之邦，万事以礼相待，一个懂得礼数的人会由内而外散发出吸引人的气质，这类人往往也不缺朋友。

的确，如果你很想认识一个人，却不敢站出来，也不表露自己的意愿，最终肯定是“无可奈何花落去”，“一江春水向东流”，落得个自怨自艾。如果你不勇敢地走出自己设置的心理障碍，不主动地展示自己，那么你真的很难克服社交焦虑。为此，你不妨告诉自己：我有实力和优势，我的人品和操守足以让人信赖。我有专业能力和无限的潜力，我是最棒的！你必须有自信心，对认准的目标有大无畏的气概，怀着必胜的决心，主动积极地争取。

对失败的焦虑：万一失败了怎么办

在生活中，相信每个人都有自己的梦想或目标，也就是指引自己行动的方向，然而，最终能达到自己目标的却是少数，大部分人还是庸庸碌碌一生。究其原因，很大一部分人缺乏立即执行的精神。他们在行动前，就开始焦虑：万一失败了怎么办，这样永远都不会成功，只会与目标渐行渐远。所有的成功者都必定有着果断的执行力。可能一直以来，你认为自己是个勇敢的人，但一旦到真正要表现自己勇气的时候，却左右迟疑、不敢付诸行动。其实，这不是真的勇敢。因为勇敢不是停留在言语上，而是要放手去做的。

同样，在我们现实的工作中，一些人因为害怕承担可能失败带来的后果而迟迟不敢着手做手头上的事，他们宁愿承认自己没有足够地努力，也不愿意承认自己能力不足，他们为自己寻找各种借口拖延，到最后，他们就能名正言顺地不必承担失败的责任。

美国卡尔加里大学的教授曾经做过一些研究，研究发现，人们之所以有拖延行为，其中重要的原因之一就是害怕失败，当然，我们不能否认对立情况的存在——害怕失败而立即去做。

更为有趣的是，一些心理学家还对那些因为害怕失败而产生拖延行为的人做了心理评估。经过评估，心理学家发现他们有共同的心理特征：否定自己、相信宿命、习惯无助。毋庸置疑，这都是消极的心态，如果不将这些负面情绪从内心赶出去，怎么会获得快乐呢?

另外，反过来想，立即去做可能会失败，而始终拖延一定会失败。既然如此，为何不尝试一番、立即执行呢？最重要的是，很多时候，事情并没有我们想象的糟糕，甚至只是我们杞人忧天而已。

的确，我们任何人只有做到不念过往、不畏将来，才能变得勇敢。

很多时候，消除恐惧的方法只是做个痛快的决定，只要想做，并坚信自己能成功，那么你就能成功。

叶昕今年28岁了，刚开始结婚那几年，她是幸福的。她本来以为找个好人家把自己嫁出去，往后的生活会围着丈夫与孩子团团转，一辈子也就这样了。但是，当她真的成家以后，却经常感到很迷茫，觉得浑身不自在。

更让她感到糟糕的是，婚后的丈夫也好像变了，找了份安稳的工作后，就变得不思进取，每天下班回家后不是打扑克就是泡酒吧，这让她打心眼里嫌弃丈夫的无能和窝囊，再加上家里的经济条件并不宽裕，因此她很不开心，时常唉声叹气。

一个星期天，叶昕的一个闺蜜邀她出去喝咖啡。面对闺蜜，叶昕开始诉说心里的烦恼，埋怨自己嫁错了人。闺蜜善意地提醒她："如果你总想着让老公多赚外快，增加收入，那么你恐怕很难感到快乐。既然你自己有理想、有能力，为什么不干脆自己创业或者努力工作呢？"这番话点醒了叶昕，她仔细一想，觉得闺蜜的话十分在理，于是她开始留意身边的各种机会。

半个月后，邻居准备转让一家餐馆，她就动了心思，打算把餐馆接过来。当时，丈夫和婆婆都不同意，觉得她一个女人能干成什么事。再说，她也缺乏经营经验，而且事情太繁杂，怕她遭罪。但叶昕坚持接了下来。很快，因为经营有道，她的生意做得红红火火。

尤其让她高兴的是，因为她打开了自己人生的新局面，丈夫也不再游手好闲，时常来帮她招待客人，管理餐馆的大小事务。丈夫在工作中也开始奋发向上。丈夫常感激她，说她让他找准了人生方向，就像周华健唱的那首歌——"若不是因为你，我依然在风雨里飘来荡去，我早已经放弃……”

如今的他们，在生活中能够互相交流自己的想法和意见，感情也比从前更加融洽了。

这就是一个聪明女人不甘于现状，用自己的能力改变现状的典范。刚开始，她围着丈夫和孩子转，她原本以为这就是幸福，但实际上，这并不是她要的生活，她很快发现自己过得并不快乐，在闺蜜的提点下，她很快找到了努力的目标。事实证明，她有能力经营好自己的事业、自己的幸福，她与丈夫的感情也比以前更加亲密、融洽了。

因此，我们发现，消除焦虑、立即行动乃至获得成功的钥匙就掌握在我们自己手中，只要我们积极主动一点，那么，幸福与快乐就是触手可及的。在做事的过程中，一些人总是担心失败后的情况，因此产生了不必要的焦虑和拖延行为，但实际上，我们谁也没必要去预料明天，我们要做的就是把握当下。

第2章

焦虑是什么？它是蛀空幸福堤坝的蚂蚁

提起焦虑，大家都知道一二，但是对于自身的焦虑，却又总是视若无睹、无知无觉。正因为这样的情况，才导致很多人都备受焦虑的折磨，却根本不知道问题出在哪个地方。为此，我们应该更加了解焦虑在生活中是无处不在的，从而也知道如何正确面对焦虑，不至于惊慌或者恐惧，从而帮助我们保持平静的心绪。

焦虑总是把简单的事情变复杂

有人说，这个世界上永远有两种人：一种人总希望把复杂问题简单化，一种人则总喜欢把简单问题复杂化。前者是快乐的人，而后者是焦虑的人，前一种人，多复杂的事情，在他们眼里，往往都能大事化小、小事化无，因此，在他们眼里，世界是透亮的，因此也就相对透明。而后一种人，不会轻易相信任何一个人、一件事，凡事总是多一个心眼，世界在这些人眼里，永远是一潭深水，深不可测。因此，他们的心也就很难达到“一片冰心在玉壶”的清澈境界。

有人说，简单才快乐，的确，本来生活中并没有那么多的烦恼，但就是因为心中的忧虑，凭空多出了许多的烦恼，使自己终日沉浸在焦虑之中，每天都过得心惊胆战。其实，有时候，需要我们看开一些，不要把任何人、任何事都想得那么糟糕，留一份快乐在心中，那样就会赢得整个人生。那些快乐的人，他们口袋里装满了祝福；而那些疲惫的人，他们口袋里装满了指责。一路上他们同行着，快乐的人会把那些不必在意的负担丢掉，而疲惫的人却选择丢掉祝福，所以，快乐的人行囊越来越轻，而疲惫的人会感觉越来越累。生活中的我们都要甘愿做快乐的人，千万别庸人自扰。

画家张大千先生留了很长的胡须，平时说话的时候，用手捋着自己的胡须，样子十分和蔼可亲。有一次，一位朋友问他晚上睡觉胡须怎么放，结果那天晚上，他为了合适地安放自己的胡须彻夜未眠，不知道该把自己的胡须放在哪里才好。那些平常不会担心的事情，因为一在意就出问题了。

在生活中，不仅张大千会有这样的烦恼，每一个普通人也会有同样的烦恼。人的天性都比较敏感，因为有思想，所以也能思考，但想得太多，有时也把那些简单的事情复杂化了，从而给自己带来一些不必要的心理压力。桌面上有一张白纸，上面有一个小黑点，如果就这样看，黑点根本没有影响到白纸的干净，但假设你拿着放大镜，那白纸就显得很脏了。值得讽刺的是，在实际生活中，绝大多数人都会拿着放大镜。所以，凡事看开一点，不要庸人自扰。

《新唐书·陆象先传》：“天下本无事，庸人扰之而烦耳。”

陆象先曾任唐朝宰相，他是个颇有气量的人。在他任宰相期间，正值太平公主专权，宰相萧至忠、岑义等大臣在太平公主的笼络下纷纷投靠她。而陆象先却坚持原则，不去讨好巴结太平公主。

太平公主事发被杀，曾巴结她的萧至忠等被诛。这件事牵连甚广，为此，陆象先暗中化解，解救了很多人的性命。

象先出任剑南道按察使，一个司马向象先劝说：“希望明公采取些杖罚来树立威名。要不然，恐怕没人会听我们的。”

象先说："为官之人，只要讲理就行了，何必非要用刑呢？这非宽厚之人的所为。"

象先出任蒲州刺史。当时，有人因为小问题被捕，象先一番教导后就将其放了。

录事对象先说："明公您不则以鞭刑怎么树立威风呢？"

象先说："人情都差不多，难道他们不明白我的话？如果要用刑，我看应该先从你开始。"

录事惭愧地退了下去。象先常常说："天下本来无事，都是人自己给自己找麻烦，才将事情越弄越糟。如果在开始就能清醒这一点，事情就简单多了。"

这是一个"庸人自扰"的典故，庸人自扰之，那些自己让自己担忧的人只能被称为庸人。他们既不是强者，也不是智者，也许有人会问，难道那些所谓的强者或智者就没有麻烦吗？当然不是，强者或智者一样也有烦恼，有时候也会做庸人自扰的事情，但是，他们与庸人的区别在于：强者或智者会尽量化解那些烦恼，不让它们困扰自己；而庸人只会沉浸在自扰的旋涡中，不断地沉沦下去。不要做一个庸人，让自己成为生活的强者，成为人生中的智者。

庸人为什么会自扰呢？其实，理解起来很简单。他们在某些时候把现实中的问题看得很大，而把自己看得很小，以为自己遇到了难以解决的问题，所以陷入了自扰。这无疑是自寻烦恼，即便是遇到一点鸡毛蒜皮的小事，往往也会担心得无所适从，不知道怎么办才好。为此，我们要记住：

1.心不动

心不动，即使有三千烦恼丝，心情也会恬静自如。有的人杞人忧天，遇到一点点小事就开始胡思乱想，最终，那些想象的事情把自己都吓坏了。

2.心小事大，心大事就小

每个人生活在这个世界，每天都会碰到一些烦恼的事情，这是很正常的，关键是看你如何去对待，假如你以平常心对待，那小事就是小事，一点事情都没有；如果你放大了小事，那就变成大事了。

当你太过在意某一件事情，反而会因为弄巧成拙做不好。反之，你用平常心来对待这些事情，就会发现它们不过是微不足道的小事。所以，无论你遭遇了什么，都要积极主动去面对，应该怀着信心，努力就好，不要为未来没有发生的事情而担忧。

所以，天下本无事，但不是庸人自扰，自扰的恰恰是习惯把简单问题复杂化的聪明人。其实多数时候，你简单地面对世界，世界也会简单地对你。你给别人半斤，即便别人不还你八两，还你四两还是可能的。如果大家都把心情放轻松，我们的心灵自然就不会那么沉重。

生性本易焦虑，如何控制情绪

我们发现，生活中有两种人：一种人生性安静，他们有很强的情绪管理能力，也就更能控制自己的焦虑情绪；还有一种人，他们性格外向，有着更强的适应能力，如果到了一个新环境，外向者能在最短的时间内与周围的人打成一片，做到随遇而安。而在情绪上，他们却更容易焦躁不安，他们常常会担忧：要是我失业了怎么办？同事不喜欢我怎么办？我好像老了……令他们焦虑的问题实在太多了，而这些情绪会一直纠缠着他们，哪有快乐可言。而那些快乐者，他们始终能淡然面对一切，每天都开心地生活。

因此，对于这些生性本易焦虑的人来说，有必要明白，很多都是明天才会发生的事，现下的你只有摆脱这些恐惧和焦虑，才能以最好的状态迎接明天。

有医学教授认为，心理不健康是导致身体不健康的主要原因。例如，有人在身体不适时，就认为自己得了重病，整天陷入恐慌之中，而其实，也许这些只是小病或者根本没有病，只是他的恐惧心理在作怪。心病还需心药医，只有消除恐惧，保持心理健康，才能让身体也健康起来。

事实上，很多时候，面对一些问题即使你再怎么琢磨，事情也还是会按照既定的轨道往前发展。既然你所忧虑的问题是你无力改变的，那么，与其在无所谓的焦虑中度过每一天，还不如坦然面对，快乐地度过每一天。

有这样一名癌症患者，在医院检查出他的病情时，已经是癌症晚期，医生宣布他只有一年的生命。

在得知自己生病之前，他是个过于胆小谨慎的人，总是担心很多东西。让人惊讶的是，当得知自己身患不治之症之后，他突然想开了，他变得豁达开朗，坦然地接受疾病。

他没有选择接受治疗，因为到了癌症晚期，治疗只能缓解疼痛，除此之外，没有任何用处。很久以来，他一直很向往到世界各地走一走、看一看。当得知自己只有一年的生命时，他毅然决然地放弃了一切身外之外，还卖掉了自己的房子，选择环球旅行。跟着一艘大船，他走遍了世界各地，最后，他来到了中国。很久以来，他一直对中国功夫很好奇，尤其是气功。到了中国之后，他找到一个深山之内的寺庙，跟随在那里潜心修行的高僧每日坐禅。经过一段时间的坐禅，他惊讶地发现自己原本日渐衰竭的身体居然渐渐地恢复了力量。他每日跟随大师吃斋念佛、坐禅诵经，一年多过去了，他已经领悟了很多佛家的道理，精力和气色也越来越好。不过，既然已经放下了，他并没有欣喜若狂地去医院检查自己是否已经战胜了癌细胞，而是继续在自己的最后一站——这座中国深山中的古庙里安心地吃斋念佛、坐禅诵经。

我们不得不怀疑，这名癌症患者已经在彻底放空自己之后战胜了癌症。当然，答案很有可能是肯定的。其实，癌症是一种心因性疾病，长期的紧张、焦虑、不安，特别容易导致癌症。反之，假如一个人积极、乐观、开朗，能够心胸豁达地面对凡尘俗世，自然就能少了很多烦恼，身体也会更加健康。

现代社会，竞争激烈，面对瞬息万变的环境，内心焦虑往往令我们看不清楚真正的自己，也就不能及时察觉自身的缺点，不能用最快的速度修正自己的发展方向，也必然会在学业和事业中落伍，被无情的竞争所淘汰。

那么，你是否是个容易焦虑的人呢？你是否很容易忧虑？你是否像林黛玉一样多愁善感？你是否因为天气不好而心情烦躁？你是否会莫名其妙地悲观沮丧？每当周围有人在吵架的时候，即使与你无关，你是否也会变得烦躁、紧张？你是否经常感到惶恐不安？面对众多的选择，你是否总是无所适从，很难下定决心？在回答这些问题的时候，如果你有三个以上的答案都是肯定的，那么，显而易见，你是一个对外部环境非常敏感的人，你很容易受到外物的影响。

那么，接下来你要做的事情就是学会为自己建立一个强大的心灵屏障，学会从淡定的生活态度中获取能量。这样一来，外界的消极情绪、负面能量就不能轻而易举地影响到你，从而，你可以更加平静地生活、工作，也变得更加从容淡定。

其实，在这方面人们应该像新生儿学习，虽然他们每天都无所事事，除了吃喝拉撒睡，就是自言自语，但是他们丝毫不会觉得枯燥，更不会着急、焦虑。究其原因，是婴儿的心灵非常纯净，就像一张白纸，他们所有的注意力都集中在自己的身心之上。那么，怎样才能使自己更加专注、淡定呢？首先要学会放空，让自己专注于身心。那么，什么叫放空？假如把人们的大脑比喻成一个容器，那么，放空就是把这个容器中使你焦虑不安的事情都忘记，或者把那些使你紧张得夜不能寐的情绪统统释放出去，取而代之的是淡定、豁达。

总之，如果你是个容易焦虑的人，你需要认识到的是，生活在这个世界上，很多事情都是人力所不能改变的，你也需要发挥开朗的个性特点，快乐地度过每一天。曾经看到过一句话，大意是说，把每一天都当成世界末日，努力地、用心地过好每一天。

不再抗拒焦虑，才有可能打败它

现代社会，有多少人不焦虑呢？我们为生存问题焦虑、为工作中的压力焦虑、为未来焦虑，曾经有心理学家认为，焦虑之于人，就像空气一样如影随形，拒之不能。但是焦虑又与空气有所不同，即焦虑会随着人们情绪状态的改变，随意四处蔓延。例如，当你心情愉悦时，焦虑会消失得无影无踪。相反，如果你心情烦躁、郁郁寡欢，则焦虑也会变本加厉，甚至侵占你整个的心灵。在了解焦虑的特性之后，聪明人当然不会放任焦虑肆意蔓延，而是会努力控制自己的情绪，也遏制焦虑的发展态势。

然而，我们却有很少人意识到自己的焦虑，任由焦虑伤害自己，也有一些人，他们一提到焦虑，就如临大敌。如此严重两极分化的态度，让人惊讶。对于焦虑是否值得人们担心，答案当然是肯定的。还有些人对于焦虑避之不及，仿佛焦虑是多么严重的瘟疫，一旦沾染上就无法清除。

实际上，焦虑根本不像我们想象的那么可怕。焦虑也是人的正常情绪之一，适度的焦虑还能刺激人们更加积极奋进，也帮助人们以更好的状态接受新鲜事物。当然，过度焦虑则会让人坐卧不安、心神不宁，甚至影响正常的工作和生活。在这种情况下，我们首先要做的就是接纳和承认焦虑，然后才能把握好焦虑的度，才能防止焦虑的负面作用发生，尽量使其发挥正面作用。

陈玉在医院上班，她从卫校毕业以后，就一直当护士，她这一干就是20多年，现在的她已经四十多岁了。今年，医院要进行人事变动，老护士长退休，她自然而然成为新任护士长，以她的经验和资历，这是当之无愧的。然而，陈玉是个对自己要求很高的人，尤其是对工作，成为护士长之后，更是努力工作。她要求每一名护理人员都要达到最高的卫生标准和护理标准，这让护士们叫苦不堪。

在陈玉走马上任之后，医院接连几次在卫生局的检查中都表现突出。为此，院长对于陈玉的工作表现也很满意。然而，渐渐地，关于陈玉的流言就传出来了，小护士们私底下都称呼她“灭绝师太”。

对此，陈玉有所耳闻，却难以改变自己。她不但有完美主义情结，而且凡事都要求做到尽善尽美，是典型的焦虑症患者。每次交代给护士们的工作任务，她总是要反反复复检查好几遍，而且要再三询问和确认。为此，护士们都对她意见很大。在这种情况下，陈玉开展工作也增加了难度，和同事之间的关系也失去了曾经的和谐融洽。在年终的评选上，陈玉居然得票很低，这让对她的工作非常满意的院长大跌眼镜。

在得知事情的原委后，院长语重心长地说：“陈玉啊，当领导并非以身作则、认真严肃就行，还要学会与同事们搞好关系，让他们快乐地完成你交代的工作，达到你的标准。而且，生活总不会是无菌的，你也不要过于焦虑。只有放宽心、坦然从容，才能让这一切都水到渠成地实现。”

院长的话，让陈玉陷入深思。她告诉自己：“也许只有摆脱焦虑，学会放手的领导，才是真正的好领导，也才能真正适应这个管理岗位。”

从本质上来说，所谓焦虑，指的就是对即将要发生的事感到恐惧，当然，也有少数人会为已经发生的事情焦虑，这是一种综合情绪，轻微的焦虑不足为奇，生活中的大部分人也都有轻微焦虑的体验，但是如果严重焦虑，就会影响生活和工作了。一些人如果因此而失眠，那就是严重的焦虑状态，必须引起足够的重视。通常情况下，生活中的焦虑都是一过性的。例如当你因为即将到来的考试而焦虑，等到考试结束就会觉得身心轻松。如果你因为婚礼即将举行而焦虑，那么等到婚礼结束也会变得从容。由此可见，很多焦虑是因为某些事件即将到来引发的，完全无须担心。

既然焦虑无处不在，我们与其因为焦虑变得更加烦躁，不如坦然接受焦虑，淡定从容地应付焦虑。

如果每个人都把心中所焦虑的事情列成一张清单，那么全世界人的清单一定能够围绕地球无数圈。毋庸置疑，每个人都有很多焦虑，甚至可以说生活就是由一个又一个焦虑组成的。既然如此，不要再抗拒焦虑，而要采取正确的态度面对焦虑，这样才能坦然从容地生活。

找寻幸福，别在焦虑中迷失

现代社会，人们行色匆匆，尤其是在物欲横流之中，人们越来越焦虑，为了应付瞬息万变的生活，人们总是马不停蹄地奔波，总是担心这个、害怕那个，就这样，在一味的焦虑中，逐步迷失自我，再也无法回归初心。

大仲马说：“人生是一串由无数小烦恼组成的念珠，达观的人是笑着数完这串念珠的。”的确，生活已经很不容易了，尤其是忙碌的现代人，生存压力更大，但这不能成为我们焦虑的理由。要知道，即使焦虑，也解决不了问题，而且，陷入极度焦虑中，也很容易迷失自我。他们或者颓废沮丧，或者一遭遇困难就放弃，即便积极进取，也总是不能承受批评、否定。

生活中的许多人总是只关注自己的外在，而忽视了心灵的呵护。当他们把自己的外表打扮得很精致的时候，却发现其实内心空空如也，而其中就有幸福感的缺失，而缺失幸福感原因有很多，其中就包括焦虑。心理学家研究发现，人的焦虑实际上是一个过程，它是由一系列的思想、感情、感觉和行为组成的。更好地理解你的焦虑和担忧的关键，就需要分别检查这些焦虑的组成部分。一旦你知道了你的焦虑和担忧如何表现出来，你就可以努力减少它们。焦虑症像是我们心中的一道枷锁，打开后你就能重见光明。

王阳明的学生黄直向他提问关于格物致知的问题。黄直问：“先生，格物致知的主张，是随时格物以致其知。那么，这个知就是部分的知，而非全体的知，又岂能达到‘博博如天，渊泉如渊’的境界？”

对于这个问题，王阳明回答说：“人心是天渊。心的本体无所不容，本来就是一个天，只是被私欲蒙蔽，天的本来面貌才失落了。心中的理没有止境，本来就是一个渊，只是被私欲窒塞，渊的本来面貌才失落了。如今，一念不忘致良知，把蒙蔽和窒塞统统荡涤干净，心的本体就能恢复，心就又是天渊了。”

见黄直不是很明白，王阳明又指着天说：“就像咱们现在所看到的天是明朗的天，在四周所见的天也仍是这明朗的天。因为有许多房子墙壁阻挡了，就看不到天的全貌。若将房子墙壁全部拆除，就总是一个天了。不能以为眼前的天是明朗的天，而外面的天就不是明朗的天了。从此处可以看出，部分的知也就是全体的知，全体的知也就是部分的知。知的本体始终是一个。”

王阳明对弟子的教诲，是希望弟子能够从内心入手。在这段话中，他教导弟子要净空天渊，意思是把心灵的各种私欲通通清理干净，因为私心会让人变得狭隘，欲望会令人变得浮躁，一个人若是既狭隘又浮躁，他自然是什么都学不了的。

的确，欲望越多、焦虑越多，许多人都知道这个道理，可就是不愿去控制，甚或还会放纵。把对自己的要求降低，也就没了过多的欲望与压力，生活自然会恢复轻松自由的状态，没有了压力，焦虑感自然无法生成。

另外，心理学家指出，焦虑是我们自身心理郁结的结果，只要我们开朗地面对每一次压力的挑战，平淡地看待成功与失败，那么自然就可以消除焦虑的情绪。

很多时候，焦虑的产生是由于我们自己给自己施加的压力，要想让自己摆脱窒息的可能，不妨给自己来一次深呼吸。

例如，我们对自己“过度期待”，给自己制订一个完美的计划是好事，但若过度苛求，拼搏久了，也会产生疲惫感、厌倦感。适度地放松和降低对自己的要求，放弃那些高不可攀的人生目标，给自己一些无压力的生活，让自己有勇气和好心情继续走下去。就像考试，当你不要求自己次次都考100分，你反而会感受到更多读书和学习的乐趣。学会换个角度看自己所处的位置，当你暂居人后，甚至落入人生低谷的时候，不妨想，站在最底层向上努力，每走一步不都是进步吗？做事的时候事先做好最坏的打算，有了最稳妥的失败预想，就不至于令自己一败涂地，也就没有什么失败会令我们措手不及了。

有随时放松和分散注意力的方法吗

在我们的生活中，不少人容易焦虑，总是为这个担心，为那个操心，又害怕明天，恐惧未来。适度焦虑无可厚非，能让我们产生紧迫感，然而，过度焦虑，很有可能对我们的工作和生活产生影响，甚至是产生心理疾病。为此，很多心理学家给出建议，如果你是个容易情绪紧张的人，那么，在做事前最好先放松自己，最重要的就是把注意力从自己身上移开。为此，你可以在此之前做一些放松身心的活动。

杨女士是一名律师，她的工作就是穿梭于各个法庭，替当事人辩护，自然免不了要经常在众人面前说话。对于自己的工作虽然已经十分熟悉，对于那些辩词，可以说，杨女士甚至已经能背下来了，但是每次上庭前，她还是莫名的紧张。这几年，杨女士逐渐摸索出了帮助自己减轻紧张感的方法：平时没事的时候，她会在网上收集一些小笑话，然后存在自己的手机里，到开庭前，她就拿出来看，那些小笑话能让她开怀大笑，她心里所有的不安也就烟消云散了。

和故事中的杨女士相同，很多心理素质好、情绪管理能力强的人，也容易产生焦虑，但他们都有属于自己的调节方法，杨女士使用的就是幽默放松法。的确，在生活中，如果你是容易焦虑的人，或者为了减轻做事前的焦虑感，都可以寻找一些减低焦虑感的方法，只有放松了自我，才能自如地发挥。那么，怎样才能放松呢？这里，经验丰富者为我们分享了几个有用的方法。

1.呼吸调节法

采用这种方法可以消除杂念和干扰。当自我感觉十分焦虑和紧张时，要有意识地控制自己的情绪。

具体做法是，脚平放，双臂自然下垂，轻轻闭合双眼，注意自己的呼吸，静听空气流入、流出时发出的微弱声音。然后，以吸气的方式连续从1数到10，每次吸气时，注意绷紧身体，在头脑中反映出数字，在呼气时说“放松”，并在头脑中再现“放松”这个词，这样连续数下去。注意放慢节奏，尽量保持身体的放松，直到你感觉自己已经平静下来。

在平时，你也可以通过这样的方式有意识地放松自己，这样能有效地降低和控制自己的紧张和焦虑情绪。

2.均衡运动

均衡运动是指有意识地让身体某一部分的肌肉有规律地紧张和放松。例如，我们可以先握紧拳头，然后松开；也可以固定脚掌，做压腿，然后放松。做肌力均衡运动的目的在于让你某部分肌肉紧张一段时间，然后你便不仅能更好地放松那部分肌肉，而且能更好地放松整个身心。你需要注意的是，做的时候速度要均匀缓慢，动作不需要有一定的格式，只要感到关节放开、肌肉松弛就行了。

3.想象法

闭上眼睛，着意去想象一些恬静美好的景物，如蓝色的海水、金黄色的沙滩、朵朵白云、高山流水等。

4.收集笑话，建立自己的“开心金库”

平时多收集一些笑话，在处理重大事务前想一想最好笑的，让自己开心起来。经研究，笑能很快地使神经放松。

5.把注意力从自己身上移开

在考试时，老师会给出一些建议：对于那些不会做的题目，可以先转移注意力，减少焦虑，回避这个一时解答不了或暂时回忆不起来的问题，当其他问题解答完之后再回过头来“重新”思考回避的问题。这种做法可以使优势兴奋中心得以转移。

同样，在做事前，你也可以休息片刻或者活动一下四肢、头部，来调节中枢神经系统，从而使抑制状态得到缓解。

你甚至可以将注意力集中到一些日常物品上。例如，看着一朵花、一点烛光或任何一件柔和美好的东西，细心观察它的细微之处。点燃一些香料，微微吸它散发的芳香。

当然，要想真正消除焦虑心理，从根本上来说还是要你降低对自己的要求。一个人如果十分争强好胜，事事都力求完善，事事都要争先，自然就会经常感觉到时间紧迫，匆匆忙忙。如果能够认清自己能力和精力的限制，放低对于自己的要求，凡事从长远和整体考虑，不过分在乎一时一地的得失，不过分在乎别人对自己的看法和评价，自然就会使心境松弛一些。

如果在准备充足的情况下，你还是会产生紧张情绪，那么，掌握一些放松自我的技巧可以让我们“应急”。

第3章 寻根究源，找到焦虑源头才能淡定面对

人生漫漫，我们需要操心的事情太多，现代社会生存压力的加大，也让很多人陷入焦虑的情绪中。然而，对于未来与明天过多的担忧都是自寻烦恼。对于人生、对事对物、对名对利应有的态度应该是：得之不喜、失之不忧、宠辱不惊、去留无意。现代社会中的我们，也应该拥有这一饱经世事的心态，这样才可能心境平和、淡泊自然。只有做到了淡定面对，才能心态平和、恬然自得，方能达观进取，笑看人生！

你对现实的焦虑，其实源于你内心的恐惧

生活中，我们对于明天总有美好的期待，这让我们充满力量，而一旦我们对未知感到恐惧，那就是焦虑了。不得不说，焦虑和恐惧是现代社会普遍存在的心理疾病，它源于工作压力、人际关系、经济问题、孤独以及交通阻塞。每天，我们都饱受着生活压力的困扰，或多或少都有焦虑恐惧的经历，然而，可能许多人都没有意识到，长期的焦虑会引起抑郁症，这是一种病态的心理，不仅会给我们的健康带来损害，而且会感染到身边的人。所以，我们必须认识到克服焦虑的重要性。

事实上，我们每个人都会感到恐惧，尤其是当生活让人无法招架时。有的时候，生活一帆风顺，风和日丽，让人简直得意忘形。然而，有的时候生活就像一辆有着巨大车轮的车轰隆隆地碾过，大有恨不得毁灭一切的气势。面对此情此景，你是不是感到非常害怕？其实，现实远远不像我们想象中那么可怕。既然现实是无处可逃的，我们只有迎头赶上，直接面对。如此心意坚决，你就能心无旁骛、无所畏惧。当我们想好最坏的结果，也就不会再患得患失，因为最坏的结果不过如此，而且还有可能比最好的结果好很多呢！

一位著名的心理学家进行过一项心理实验。在实验展开

时，他带领学生们来到一间漆黑的屋子里，引导学生们走到屋子的对面。等到学生们全都安全到达对面之后，他打开房间里一盏昏暗的灯，让学生们看看来时的路。

这一看之下，学生们全都情不自禁地倒吸冷气。原来，就在他们刚才经过的地方，有一个非常大的深坑，里面全都是吐着红芯子的毒蛇，正在翘首以望。而他们所谓的顺次经过，只是因为屋子正中间有一条非常狭窄的小桥架在深坑上面，他们刚才正是鱼贯走过了这个小桥。如果稍有偏颇，脚下一歪，就会成为毒蛇的美食。

心理学家问面色骇然的学生们："你们已经看到了屋子里的情况，现在还有谁愿意从桥上通过呢？"学生们面面相觑，谁也不敢主动请缨。过了足足几分钟，才有一个学生表示愿意再次尝试。但是他刚刚走到桥上，就不由自主地往桥下看，最终胆战心惊，不得不趴下身体从桥上爬过，从而最大限度地避免坠桥。

看到此情此景，在场的学生们也都为他捏了一把汗，大家全都鸦雀无声，连大气都不敢出。好不容易等到这个学生爬着过了桥，心理学家又打开了好几盏灯，如此一来，屋内一下亮白如昼，学生们清晰地看到深坑上原来是一层有机玻璃。然而，即便如此，面对心理学家的询问，依然没有几个学生愿意过桥。他们不停地问心理学家："这个玻璃真的足够结实吗？""这个玻璃能承受人体的重量吗？""这个玻璃是钢化玻璃吗？"心理学家笑着说："你们知道自己为什么不敢过桥吗？其实这座桥根本没有任何危险，你们只是惧怕桥下的毒蛇。如果你们能够正视现实，毒蛇也就不足为惧了。”

在这个著名的心理学试验中，桥下的毒蛇恰恰如同人们心中的恐惧，随时随地都吐着血红的芯子准备吞噬猎物。

实际上，我们之所以对现实感到害怕，正是因为心中的这些毒蛇。倘若我们能够战胜内心的恐惧，直视现实，那么现实就会变得理所当然。所谓存在即合理，很多发生的事情同样是无可避免的。既然无论我们以怎样的心态面对都无法改变结果，我们还有什么理由害怕和逃避呢！

所谓既来之，则安之，人生也是如此。一切出现在我们生命中的人和事，都是合理的，我们理应坦然接受。每个人都渴望成功，然而成功的道路总是布满荆棘、遍布泥泞。如果我们一味地盯着这些困难和障碍，那么通往成功的路就会变得更加艰难。与此相反，如果我们在追求成功的过程中一直奔向既定的目标，就会忽略那些艰难险阻，从而也让自己心无旁骛，更快地到达成功的彼岸。

从心理学的角度来说，每个人的心底都有恐惧。唯一不同的在于，弱者屈服于恐惧，强者凭借实力和百折不挠的精神，勇敢地践踏恐惧。任何时候，我们都要勇敢地战胜心底的怯懦，否则一旦成为怯懦的奴隶，就会导致我们时时刻刻受到羁绊，在大风大浪的人生中随波逐流。在波澜壮阔的大海上，我们唯有内心安定，才可能更加从容地欣赏瑰丽的人生景色。

身份焦虑——我们该如何做自己

现今社会，各行各业竞争激烈，人与人之间的关系变得日益复杂，为了事业、为了前途，在领导、同事、朋友面前，有些人为了求平安，丢失了真实的自己，并美其名曰适应时代潮流。而事实上，长时间地伪装只会让自己身心俱疲。事实上，身份焦虑已经成为现代社会一些人焦虑主要原因之一，比如普通职员、中产阶级、创业者、科研工作者……似乎都在为自己的身份和未来而焦虑。其实，我们每个人都希望能卸下伪装，做真实的自己，这样工作和生活也会更快乐、舒心。陶渊明之所以归隐田园，就是因为他不愿伪装自己、屈尊与悭吝之流同流合污；李白的“仰天大笑出门去，我辈岂是蓬蒿人”也是不伪装的一种写照。然而，以为伪装就能保全自己而最终玩火自焚的也大有人在。

当然，现实生活中，人们偶尔戴着面具与人交往，有时候并不一定是恶意的，或者是自私的，某些时候是为了顾全大局，或者为了求得夹缝中生存，或者为了所谓的面子，但无论哪种目的的伪装，都是对最本真的自我的一种掩饰，都是一种身心的折磨，可以说，那些长久伪装的人，必当是身心俱疲的。要卸下伪装，需要我们在独处中静下心来，倾听自己内心真实的声音，寻找到属于自己的人生意义，然后勇往直前，坚持到底。

然而，在现实生活中，我们发现，不少人总是想要博得所有人的赞赏和认可，这是完全不可能的。一件事情，无论你怎么做，都会有很多人批判你，倘若你为了迎合他们、取悦他们，改变自己的做法，又马上会有很多其他的人对你发起攻击。既然不管怎么做都会招致非议，我们还不如好好地做自己，这样最起码不会让自己的心受委屈。

很久以前，一对父子想把家里的驴子卖掉。在一个有集市的日子里，他们给驴喂饱草料，就牵着驴往集市的方向走去。没过多久，他们来到一个村庄。看到他们，村民们指指点点地说："这两人肯定是傻子吧，要不为什么牵着驴，不知道骑呢？"听到村民的话，父亲纵身一跃，骑到驴背上，继续赶路。儿子呢，走在前面牵着驴，继续慢慢地走着。过了不一会儿，他们又来到一个村庄。早晨10点钟，太阳正好呢！村民们聚集在路旁晒太阳，看到他们不由得生气地说："不知道这个孩子是不是亲生的！你看看，世界上居然有人这么当爸爸。他骑着驴倒是很舒服，孩子跟着走，可累坏了。他一点儿都不心疼呢，真是个狠心的人！"听到大家的指责，爸爸面红耳赤，赶紧跳下来，把儿子托举着骑到驴背上。

他们的家距离集市比较远，要穿过好几个村庄。父亲牵着驴，儿子骑着驴，走得汗流浃背。很快，他们就又来到一个村庄。这时候，年轻人都下地干活了，村子里只有老人在街道上站着闲聊。看到这父子俩，老人都很气愤。他们指着儿子破口大骂："你们看看这个不孝子，年轻力壮的骑在驴背上偷懒，却让头发花白的老父亲跟着走。这可真是世风日下、人心不古啊！”父亲听到老人们的骂声，思来想去，他决定也骑到驴背上。这样，那些人肯定就无话可说了。这头小毛驴还不够强壮，驮着父子俩，累得吭哧吭哧的。他们不停地吆喝着小毛驴往前走，生怕遇到什么人再说些不中听的话。真是怕什么来什么，刚刚走了几步，一个老爷爷就迎面走了过来。看到小毛驴累得鬃毛都湿透了，他毫不客气地指着父子俩大骂起来：“庄稼人都拿牲口当命根子，你们俩倒好，有手有脚，也不残废，居然连路都不会走了。这头小毛驴投胎到你们家真是瞎了眼，要出这么大的力气，要不了多久就会累死了。”被老爷爷指着鼻子骂完之后，父亲和儿子灰溜溜地从驴背上跳下来，再次牵着毛驴往前走。走着走着，父亲突然觉得不对劲，心想：“我们出门的时候就是牵着毛驴的呀，结果被人家骂作傻瓜。现在可不能再这样走了，要不然还得挨骂。”和儿子认真商讨之后，他们决定抬着毛驴。这样，其他人即使看到了，也没有理由再骂他们了。想到就做，父亲当即去找了一根树干当扁担，又找了些麻绳，把小毛驴结结实实地捆绑起来，四脚朝天地抬着往集市走去。

父子俩累得气喘吁吁，走了很久，终于来到集市的小桥上。桥头站着的生意人看到他俩累得上气不接下气的样子，又看到毛驴是活的，不由得哈哈大笑。他们笑着喊道：“快来看啊，天底下绝无仅有的傻瓜啊！活着的小毛驴，不牵着走、赶着走、骑着走，居然抬着走。大家都来看，这对抬驴的大傻瓜！”在人们肆无忌惮的笑声中，父子俩慌了神，又因为体力不支，不由得摇晃了好几下，差点儿摔倒。小毛驴受到惊吓，奋力地挣扎起来。最终，父子俩抬着驴“扑通”一声掉进了河里。父子俩游上岸，又把毛驴打捞上来，一看，毛驴已经死了。

在这个事例中，父子俩最终之所以如此狼狈，还失去了小毛驴，就是因为他们没有主见，不管人们说什么，都不假思索地照着去做。假如他们能够坚定不移地按照自己的想法去做，不在乎别人说什么，那么不管是牵着驴、赶着驴还是骑着驴，最终一定能够安然无恙地来到集市，卖掉小毛驴。最可笑的是，虽然他们不断地按照他人的评论去调整自己的行为，最终还是难免被人骂作世界上绝无仅有的大傻瓜。

既然无论如何别人都不会完全满意，我们为什么不做回自己呢？每个人看待问题的角度和立场都不完全相同，所以，不管我们如何改变，都无法让所有人满意。人生，最重要的是活出自己的精彩。那么，请记住，走自己的路，让别人说去吧！至少，我们做过自己，证明了自己。

找到恐惧的根源，并彻底解决

我们都知道，焦虑是现代人的通病，而焦虑来源于对未知的恐惧，实际上，几乎每个人都体验过恐惧的滋味，也遭遇过恐惧的压迫。为了帮助人们解开恐惧之谜，曾经有心理学家对于人们的恐惧心理展开追踪调查。结果显示，有一部分人的恐惧，其实是因为曾经受到的伤害；还有一部分人的恐惧，是害怕去面对。不管因何而起的恐惧，都深深地影响着我们的生活，让我们无法自拔。

那么，我们的焦虑从而来呢？

尼采说："世间之恶的四分之三，皆出自恐惧。是恐惧让你对过去经历过的事苦恼，让你惧怕未来即将发生的事。"尼采这句话透露了恐惧的本质，冲破恐惧，靠的是我们自己的心，做到不念过往、不畏将来，我们也就放下了那些烦恼。在这浩瀚无边际的宇宙里，当我们驻足回首转望时，发现原来我们也和所有世人一样，是那么的渺小，甚至比一粒微尘还小。我们甚至还会经历数不清的无奈和遗憾、痛苦和悲伤，但无论如何，我们都要勇敢。

既然恐惧的病根在我们的内心深处，那么消除恐惧唯一的办法，就是治疗我们的心病。和焦虑相比，恐惧的程度更加强烈。恐惧的体验，往往使人们瞬间脸色苍白，也使人们不知不觉间就浑身颤抖。由此可见，和最初毫无症状的焦虑相比，恐惧对人的影响更大，也更加来势汹汹。

莹莹特别怕水，但是这次蜜月之旅，她还是选择和丈夫去马尔代夫。现在看来这并不是明智之举。

其实，她的丈夫小海之所以坚持要来马尔代夫度假，主要也是想帮助妻子克服怕水的心理障碍。

这天，在小海的坚持下，莹莹与他一起来到海滩。海滩上人很少，不像国内的三亚到处都是乌央乌央的人。因而，小海牵着莹莹的手，与她一起走在海滩上。很快，随着海浪一浪一浪地扑过来，莹莹的手心沁出了细密的汗。

小海笑着说："你看看，你老公的名字就与海有关，你还这么怕水。明天我带你去游泳吧，其实没什么可怕的。我是业余游泳的冠军，一定能保护你的安全。"莹莹吓得连连摆手说："我就在岸边晒晒太阳，等着你吧。"小海狡黠地笑了，暗暗下决心一定要帮莹莹把怕水的恐惧克服掉。

当天晚上，他们入住的酒店为他们准备了玫瑰花浴。在柔和的灯光下，莹莹与小海一起享受洗浴的快乐。不想，小海突然端起事先准备好的一盆温水，对着莹莹迎头浇下。莹莹一声尖叫，脸色惨白，甚至因为惊慌而逃出浴缸，摔倒在地。小海被吓坏了，他没想到自己的恶作剧会导致如此严重的后果，赶紧检查莹莹的伤势。还好，只是扭了脚，没有严重受伤。小海追悔莫及，赶紧向莹莹赔不是，莹莹含泪说："我以为我要死了。"等到恢复平静，莹莹才向小海讲述了她怕水的原因。原来。莹莹小时候经历过一次洪灾，当时她被水流冲走了，在水里沉沉浮浮，几次差点窒息而死，幸好被部队的冲锋艇发现，才勉强捡了一条命。

听到莹莹的经历，小海恍然大悟："宝贝，你怎么不早点告诉我。你居然经历过这样的苦难。"莹莹苦笑着说："我想把这件事永远埋在心底，再也不去回首。那次，我失去了家人，变成了孤儿。从此之后，我连洗脸都不会用很多水。我怕水。”小海温柔地搂着莹莹，说：“放心吧，有我在，以后我就是你的保护神。以后，我不会再强迫你接近水了。”

在这个事例中，莹莹对于水深入骨髓的恐惧，就是因为幼年时期遭遇的洪灾。洪水不但给她带来了肉体的痛苦，也给她带来了精神上的严重创伤。失去双亲，这是比肉体的痛苦更加难以磨灭的永恒伤害。在得知莹莹怕水的缘由后，小海也一定不会再强迫莹莹接近水了。其实，小海的思路是没有错的，恐惧并不会因为逃避就消失。只有直面恐惧，才能最终冲破心中的桎梏。如果能够事先了解莹莹怕水的原因，再把握好合适的度让莹莹接受，一切就不会这么让人意外和惊恐。

恐惧虽然是一种心理体验，但是如果非常强烈，也会引起人们身体上的变化。曾经有个在冷库工作的工人，因为工友的疏忽被锁在冰柜里，一夜之后，工友们发现他已经被冻死了，而更让人们惊讶的是，当天晚上冷库其实并没有制冷，已经断电了。然而，他死时的情状完全符合冻死的特征，这实际上是极度的恐惧导致他的身体发生了相应的变化。由此可见，恐惧的力量多么强大。

了解恐惧产生的原因之后，我们就能够从根本上消除恐惧的原因。恐惧是一种心理障碍，如果通过自身的力量不能成功战胜或者消除恐惧，我们还可以借助现在先进的医学手段，让恐惧烟消云散。需要注意的是，一味地躲避并不能消除恐惧，唯有坚强勇敢地面对恐惧、战胜自我，才能真正战胜恐惧。

其实你很好，无须自我贬低

我们都知道，人与人天生就存有差距，在后天不同的生存环境下，差距会更加复杂化。也许你的容貌不如别人俊俏，也许你的学识不如他人广博，也许你的生活不比他人富足，但如果你要因为这些就自卑，甚至妄自菲薄的话，那你的生活定会失去原本的色彩和很多已经存在于身边的快乐。

自卑是一种消极的自我评价或自我意识，自卑感是个体对自己能力和品质评价偏低的一种消极情感。

心理学家说，自卑，并不是指客观上看来自己不如别人，而是人主观上认为自己不如别人，认为自己不够好，自己不值得别人对自己好，自己一文不值。观察你周围的人，是不是有人经常叹息自己不够好，别人都比自己好；上课的时候，不敢举手发表自己的意见，因为害怕自己的回答不够好；很多事情想做，但是又害怕去做，因为害怕自己做不好；一件衣服，穿在别人身上很好看，但是穿在自己身上即使很合身，也不如别人穿着好看；做任何事情都会小心翼翼的，因为害怕别人说自己不够好。这都是自卑心理的表现。

自卑是自尊、自爱、自励、自信、自强的对立面，它严重影响一个人的健康发展。万事万物都有瑕疵存在，倘若由于自己在某方面存在缺陷就妄自菲薄，你只会在自卑的泥淖里越陷越深。

其实每个人在不同的时期，都会产生不同程度的自卑心理。任何人都无法做到没有一丝缺陷，关键是看你怎样看待。

有一个农夫整天埋怨自己的命运不好，一辈子都是农夫，被别人看不起，他感觉自己的地位很卑微。

有一天，他弓着腰在院子里清除青草，因为天气很热，所以他脸上不停地冒汗，汗珠一滴一滴地流了下来。

“可恶的青草，假如没有这些青草，我的院子一定很漂亮，为什么要有这些讨厌的青草来破坏我的院子呢？”农夫这样嘀咕着。

有一棵刚被拔起的小草，正躺在院子里，它回答农夫说:

“你说我们可恶，也许你从来就没有想过，我们也是很有用的。现在，请你听我说一说吧，我们把根伸进土中，等于是在耕耘泥土，当你把我们拔掉时，泥土就已经是耕过的了。”

“下雨时，我们能防止泥土被雨水冲掉；干涸的时候，我们能阻止强风刮起沙土；我们是替你守卫院子的卫兵，如果没有我们，你根本就不可能享受赏花的乐趣，因为雨水会冲走泥土，狂风会刮走种花的泥土……你在看到花儿盛开之时，能不能记起我们青草的好处呢？”

一棵小草并没有因为自己的渺小而自卑，农夫对小草不禁肃然起敬。

很多时候，你怎样看待自己，决定了别人怎样看待你。如果你是一棵自卑的小草，那么你在别人心底就已变得非常渺小；如果你肯定自己存在的重要价值，告诉自己我很重要，你在别人的眼里也会变得高大。

心理学家说，产生自卑的原因有很多，有的人喜欢用过高的标准审视自己，结果使自己永远处于达不到要求的失败地位，导致自卑感的产生；有的人很在意别人对自己的评价和看法，对于别人的贬低往往产生自卑心理；有的人错误地把别人对自己的夸奖当作讥讽，他们感受到的信息就带有自我否定的倾向性，他们会越发感到卑微、低下；有的人对于家庭或自己的经济收入以及地位感到不满，对于物质生活和精神生活的攀比也会产生自卑的心理；有的人由于身体的缺陷不能像正常人那样生活也会产生自卑的心理；等等。

斯宾诺莎曾说，最大的骄傲与最大的自卑都表示心灵的最软弱无力。自卑是一种可怕的消极情绪，它使人遇事时总是认为“我不行”“这事我干不了”“这项工作超过了我的能力范围”，大部分的人连试都没有试就给自己判了死刑。心理学家告诫人们，其实，任何人都无须自卑，每个人都有自己的特点，重要的是你要多看自己的长处。

在第二次世界大战期间，由于兵力不足，美国政府决定组织关在监狱里的犯人上前线参加战争。因此，美国政府派了几个心理学家对犯人进行战前的训练和动员，并随他们一起到前线作战。训练期间心理学学家对他们不过多地进行说教，而尤其强调犯人每周给自己最亲的人写一封信，信的内容由心理学家统一拟定，叙述的是犯人在狱中的表现如何好、如何接受教育、改过自新等。心理学家要求犯人们认真抄写后寄给自己最亲爱的人。

三个月后，犯人们开赴前线，心理学家要犯人给亲人的信中写自己是怎样服从指挥，怎么勇敢，等等。最后，这批犯人在战场上的表现比起正规军来丝毫不逊色，他们在战斗中正如他们信中所写的那样服从指挥。

研究那些成功者的成长经历发现，他们从不因为自身的一些缺点而自卑和焦虑；相反，他们对自我都有一种积极的认识和评价，从而产生一种相当的自信。这种自信是一种魔力，即使他们在认清自己的现状之后，依然能够保持奋勇前进的斗志，而这也是他们必须依赖的精神动力。

许多人做事总是带着消极的意味，他们自卑而懦弱，总认为自己一事无成，成不了大器。结果，就在这样一次次的焦虑中，他们真的成为那种无所事事的闲人。假如我们摆脱这种心理焦虑，朝着积极的方向看，那自己就真的会变得积极自信起来。

忘却，是一种智慧

我们都知道，人生如变幻莫测的天空，刚才还晴空万里，转眼间就阴云密布、倾盆大雨。但这些都是上一秒发生的事，人要向前看，不管过去多么悲伤失意，过去的总归过去，只有向前看，才会有希望。

莎士比亚说过：“聪明的人永远不会坐在那里为自己的损失而哀叹。他们会用情感去寻找办法来弥补自己的损失。”因此，请抛却那些痛苦之后的不安吧，如果你想开始新生活，就必须破釜沉舟，就必须勇于忘却过去的不幸。

忘却是一种智慧，其实，很多时候，我们之所以痛苦、焦虑，就是因为我们一直记住了不该记住的。这就好比爬山，如果你总是不停地捡起那些嶙峋怪石背在身上，那么不管你多么有力量，也终会气喘吁吁。人生恰如登顶，真正聪明的人不会背上所有的石头前行，而是会适当地舍弃。归根结底，人的欲望是无限的，人的力量是有限的，那么我们只有学会取舍，才能用有限的力量做最大的努力。因而，智者总会遗忘那些曾经的苦难。唯有如此，他们才能不被悲伤压垮，才能继续一往无前地进发。

自从经历了在大地震中失去亲人也险些失去生命的痛苦，小杨就一直生活在极度的恐惧中。虽然政府给她找了一个很好的家庭，养父母也都非常疼爱她，但是她始终心有余悸，经常半夜从睡梦中哭着醒来。为了帮助小杨走出苦难的阴影，养父母想了很多办法，都没有什么效果。就这样，小杨战战兢兢地读完大学，开始工作。她总是愁眉苦脸，眼睛里藏着无限的心事。

毕业几年之后，小杨恋爱了。她的男友是一个非常阳光的大男孩，每当看到小杨愁眉不展、满腹忧愁的样子，他总是很心疼。和养父母一样，男友也想帮助小杨走出地震的阴影。毕竟，地震已经过去这么多年了，也该淡忘了。一个周末，男友带着小杨去爬山。这是一座非常陡峭的山峰，很多时候都要手脚并用。小杨爬到半山腰抬头看向山顶，不由得瑟瑟发抖，说：“我可不想九死一生的这条命，今天丢在这里啊！”男友鼓励小杨：“这座山看起来陡峭，实际上爬起来并没有那么陡。你只要眼睛盯着脚下，一鼓作气地往上爬，很快就会到达山顶的。”小杨依然很犹豫，男友继续鼓励她：“放心吧，你在前面，我在后面，我就是你的垫脚石。”看到男友坚定不移的眼神，小杨只好硬着头皮继续往上爬。一个多小时后，小杨果然气喘吁吁地爬到了山顶。看着她如释重负的微笑，男友趁机说道：“亲爱的，我觉得有些事情你该学会遗忘。就像爬山，如果你背着沉重的负担，就很难顺利登顶。而遗忘，则让你在人生的道路上更加轻松。遗忘，不是背叛，而是为了亲人更好地活着，我想这也是他们的愿望，你说呢？”小杨迎着山风站立，任由风吹乱她的头发，自顾自地陷入沉思之中：是啊，逝者已矣，生者如斯。如果爸妈还在，一定不愿意看到历经辛苦才长大的她这么不快乐！从此，小杨就像是变了一个人，她再也不是那个唐山大地震的幸存者，而是一个努力想为自己、为爸爸妈妈、为养父养母活出精彩的幸福女孩！

在这个事例中，小杨因为在地震中失去亲生父母，而后又被养父母收养，因此身体和心理遭受了双重创伤，始终沉浸在悲痛之中难以自拔。幸好，她遇到了积极乐观的男友，意识到一切事情终将过去，自己也应该为了所有的亲人更加努力地活好。所以，小杨变得积极乐观，不再郁郁寡欢。想必在未来的人生之路上，她也能够轻装上阵，勇往直前。

如果人们不学会忘却，最终就会被沉甸甸的记忆压得喘不过气来。虽然历史是不能忘记的，但忘却是必须的。人生恰如一场旅行，如果背负过多的行囊，必然影响行进的速度。只有轻装上阵，才能提高效率，步履轻盈。

心理学家指出，要修复自己的心态，调整自己的状态，就要接纳和尊重自己的过去与昨天，因为下一秒，现在也将变成过去。

如果你能减少抗拒的时间，那么，你就能较早地走出来。例如，当你的亲人去世了，你肯定会伤心、痛苦，但如果你能告诉自己“逝者已逝”，那么，你会逐渐变得平和起来。而反过来，对于已经既定的事实，你越是长时间抗拒，越是会痛苦，你处于低潮期的时间就会越长。只有接纳，才能摒弃消极不安的状态。接纳并不是意味着，“算了，认命吧”“我不会再有什么发展了”“接受这种状态吧”，而是一种积极进取的态度，只有不断地采取行动，才能取得理想的结果。

所以，对于糟糕的昨天，我们应该先接受它，我们越是抗拒，越是无法平和地面对。因此，不要再不断地反问自己：“我怎么会这样呢”“我怎么会遇到这种事情”，这样，只会让你的痛苦加剧。

第4章 生存焦虑，与其焦虑不如主动改变生存状况

生活中，我们每个人都要生存，于是，我们就需要金钱。为了挣钱，有的出卖自己的劳动力，有的出卖自己的知识，有的出卖自己的智慧，有的出卖自己的信息。“人穷志短”“一分钱难倒英雄汉”。不少人为生存感到焦虑，然而，焦虑毫无作用，我们唯有勇敢向上，才能改变现状。另外，我们对金钱也要树立一个正确的态度，看淡金钱，不为金钱困扰，才能享受简单的幸福。

你为什么总是觉得钱不够花

现代社会，对于不少人，尤其是年轻人来说，他们最大的苦恼就是钱似乎永远不够花，这就导致他们对于生存的焦虑症，月底了，房租怎么办？房贷怎么办？交通费、孩子奶粉钱怎么办？其实，稍一调查，就会发现，这些人都有享乐主义的心理，他们喜欢把每个月收入的全部或者绝大部分拿来消费，如购置衣服、娱乐或者享受，所以到了月底的时候，钱包里所剩无几，这就是“月光族”的由来。所以，对于这些人来说，生活不只有诗和远方，还有每个月长长的银行账单和月底空空的钱包。

北京大学做了一次调查报告，我国都市白领中有40%是“月光族”。这些都市的“月光一族”，虽大多有着稳定的收入，但缺乏理性的消费观念和理财规划，他们自己也时常奇怪：“钱都去哪儿了？”

对于这一类人来说，要克服“缺钱”的焦虑，首先要懂得花钱，懂得改善自己的财务状况，保障自己的未来，这也是“月光族”需要恶补的第一堂课。

我们可以发现，“月光族”有着这样的消费习惯：他们挣多少花多少、穿名牌，盲目消费，银行账户总是亏空状态。

他们认为，花钱才能证明自己的价值，钱只有在花的时候才是有用的，认为会花钱的人才会挣钱，他们不买房只租房、不买车只打车，他们薪水并不低，但确实是“格子间”的穷人，而且，这些人大多数单身，花钱能给他们带来满足感，有钱时，他们什么都敢买、不考虑商品价格；没钱时一贫如洗，甚至向父母、朋友伸手要钱。

事实上，这些人都有着几乎相同的成长经历，他们从小在父母的呵护下长大，手里不缺零花钱，从来都是饭来张口、衣来伸手，所以就养成了花钱大手大脚、不知节制的习惯，因为有父母和家庭这一后盾，所以，他们敢于超前消费，真到了没钱的时候，还能找父母要钱。

然而，这些人没有想到的是，盲目消费、不知节制的习惯忧患多多。他们的资金完全处于断开的状态，现在的你可能无须赡养父母、抚养子女，可能是一人吃饱全家不饿，但我们要考虑到风险的存在。例如，“月光族”们很可能会因为失业或者重大疾病而使生活陷入瘫痪状态。而盲目消费对于人的情绪影响也很大，尤其是会引发因为缺钱而导致的焦虑症。

再如，对于一个从不储蓄的人来说，当他们到了适婚年龄、在需要买房成家的时候，他们就出现困难了，虽然银行可以贷款，但是房屋首付从而何来呢？要知道，这可是十几万甚至几十万，并且，每个月的贷款又该如何解决？逛街时，你看到一些价格较高的产品，本来想用信用卡购买，却发现信用额度已经不高了。生活中因为零储蓄而出现的困难实在太多了。

另外，在理财已经成为全民认可并行动的今天，几乎人人都认识到储蓄的重要性，没有储蓄的人就没有“钱生钱”的本金，更不可能通过投资理财来让自己的财产“滚雪球”。

还有，消费虽然能提高一时的生活品质，但从长远的角度看，没有资产的沉淀和积累，要想让生活品质真正提升是不可能的。

储蓄是理财的第一步，只愿享受当前生活，而没有储蓄的人未来的不确定性会比较高，同时也难以达成一些金额较大的开支。

为了摆脱“没钱”的焦虑，我们需要做到以下几点。

1.强制储蓄

即便你没有储蓄的习惯，如果你想获得改变，也要强制自己储蓄。

例如，你薪水5000元，你在外租房，要交房租，还有水电、生活用品等，这些花费2000元，社交应酬、购物2000元，剩下1000元，一年下来，你能积累12000元，而如果你能在发工资的时候就存2000元，然后在除去必要开支的情况下适度控制自己的消费习惯，一年你就能存24000元，这是一笔不小的积累。

2.理性消费

要投资理财，先要建立良好的习惯，并坚决执行，这不仅体现在要强制储蓄上，还要我们懂得控制自己的消费资金。

“冲动是魔鬼”，我们看到，一些职场白领，尤其是职场女性，她们一发工资就直奔商场，然后拿起信用卡随便刷，到了月底，恨不得喝白开水度日。

生活中的你，要告别“月光族”必须培养理性消费的习惯，尽量避免日常多次零星购物，虽然每次消费金额不多，但累计起来数目不小。所以，建议人们每月制订购物计划，列出详细清单，例如哪些是必须花费的，如房租、网费、水电费、交通费等，哪些是不必要购置的，如添置衣物、购买电子产品和食品等。若是兴起购物欲望，先想想这件物品是否必要购买？使用频率高不高？如果今天不买，过几日看看是否还有购物欲望？如果以上问题都是否定的答案，就该庆幸为自己省下一笔不必要的支出。

3.管好信用卡

信用卡可以使人提前消费，让你在购物时免除了资金不足这一后顾之忧，然而，也是因为这一点，才无形中刺激了人们尤其是“月光族”的消费欲望，平时使用不觉得过度消费，每到还款之日才醒悟原来消费了那么多钱。

对于我们而言，有必要严格控制可透支金额，尽量将信用额度降低，遇到必买大件物品时再申请恢复信用额度，以此来提高自己对信用卡使用的控制程度。

总之，为了克服“缺钱”的焦虑，我们首先要学会花钱，杜绝大手大脚的花钱习惯、学会储蓄，才能为未来幸福的生活打下坚实的基础。

为什么别人的生活总是那么好

自古以来，我们对物质生活的追求从未停止过，然而，现代人似乎更为物质焦虑。我们都希望过上衣食无忧的生活，有些人甚至希望每天锦衣玉食、豪车接送、希望住别墅、穿名牌，而在现实条件不允许的情况下，他们就会失望落寞、会感叹，为什么自己不如人。这一点，每每参加同学聚会，这些人的焦虑情绪就更为明显，的确，现在的同学会简直就是“攀比会”，比事业，比地位，比房子，比车子，比银子……因为较真，越比越急，越比越累。其实，这样的烦恼都是自找的，无须与别人攀比物质生活，做好当下，你会发现生活一定会轻松很多。

然而，我们没能明白的是，生活中的差别是无处不在的，我们很容易会在这种差别中产生攀比的心理，并且习惯性地将自己所做的贡献和所得的报酬与别人进行比较。如果两者大致相等，就会感到心理平衡；如果对方强过自己，就会心理失衡。例如，某些人看到与自己同等级别的人用车比自己高级，住房比自己宽敞，自己甚至还不如某些级别和职务低的人，心里就会感到很不平衡。其实，这就是典型的攀比心理，通常也是因为较真的心态所造成的，因为处处较真，总是情不自禁地与他人进行攀比。

相信很多人都读过法家作家福楼拜的代表作《包法利夫人》。

爱玛一个富裕的农民的女儿，曾经在专门训练贵族子女的修道院读过书，尤其喜欢读一些浪漫派的文学作品。虽然现实生活很残酷，但是艾玛却经常沉浸在自己虚构的奢华生活中无法自拔。现实和虚幻世界的强烈反差，使她非常苦闷。成年之后，艾玛嫁给了包法利医生，但是，医生微薄的收入根本无法供她挥霍。而且，艾玛非常讨厌其貌不扬的夏尔·包法利极其满足现状的个性。即使在有了孩子之后，艾玛的母爱也没有苏醒。她一心一意、执迷不悟地贪图享乐，爱慕虚荣，竭尽全力地满足自己的私欲，梦想着能够过上贵妇的生活。为了追求浪漫的爱情，寻求她心目中的英雄，艾玛先是受到罗多尔夫的勾引，结果被欺骗了。后来，她又与莱昂暗中私通，中了商人勒乐的圈套，最终导致负债累累，不得不服毒自尽。

在这篇小说中，福楼拜批判了艾玛爱慕虚荣的本性，也深刻地批判了社会的畸形。这种批判引人深思，让人警醒。

俗话说："人生失意无南北"。即便是在富丽堂皇的宫殿里也有悲恸，而在破旧不堪的瓦屋中也会有笑声。只是，在平时生活中不管是别人展示的，还是我们所关注的，总是风光、得意的一面。这就好像女人的脸，出门时美丽动人，那不过是给别人看的。回到家里卸妆之后，素面朝天，往往却不是那般光彩照人。

某单位有一名小职员，过着安分守己的平静生活。有一天，他接到一位高中同学的邀请电话。10多年未见，他带着重逢的喜悦前往赴约。昔日的老同学经商有道，住着豪宅，开着名车，一副成功者的派头，这让小职员羡慕不已。自从那次见面以后，他就好像变了一个人，整天唉声叹气，逢人便说自己心中的苦恼：“这小子，以前上学时考试老不及格，凭什么现在有那么多钱？”同事安慰说：“我们的薪水虽然无法和富豪相比，但不也够花了嘛！”

小职员懊恼地摇摇头：“够花？我的薪水积攒一辈子也买不起一辆奔驰车。”同事看得很开：“买不起奔驰也一样能上班下班、外出旅行，一样过得挺好。”可那名小职员却终日郁郁寡欢，后来竟然得了重病，卧床不起。

生活中，做好自己才是最智慧的选择。

1.降低不切实际的期望值

其实，幸福往往就在我们身边，但不少人却无从感知，这就是“身在福中不知福”。有时候，我们必须对自己的能力有一个较为清醒的认识，不能太较真，不能过多地与人攀比，抛弃不切实际的幸福期望值。如果你降低不切实际的期望值，你会发现幸福是唾手可得的。

2.做好独特的自己

俗话说：“天外有人，人外有天。”我们不可能在任何方面都比别人强、胜过别人。太较真的人一味和比自己强的人相比，由于心灵的弦绷得太紧了，无端损失自己的精神，很难有大的作为。其实，我们每个人都有自己的独特之处，别人拥有的未必适合你，你拥有的往往是别人所羡慕的。因此，抛弃攀比之心，做好自己，才能更接近幸福。

你要的幸福，从来不该与金钱画等号

生活中，许多人认为幸福与金钱有关，钱越多，就越幸福，其实这样的想法是错误的。虽然充裕的物质生活在一定程度上让你感受到了欢愉，但实际上那种快感只是一种欲望的满足感，真正的幸福是不需要任何附加品的，它就是来自心里最真实的感觉。如果说，拥有金钱就意味着收获了幸福，那就大错特错了。幸福很简单，或许对某些人而言，有一份自己喜欢的工作就是幸福的，有一个爱自己的人就是幸福的，有健康的身体是幸福的，有一顿不错的晚餐是幸福的，有几个知心朋友就是幸福的。而这些真切的幸福，都与金钱没有直接联系。而更让人疑惑的是，有的人越来越富有，却叫嚣着自己一点也不幸福，因此，“金钱与幸福画等号”，这本身就是一个悖论。

美国做了一项调查，得出的结论是真正的幸福来自“精神上的满足”。美国纽约罗切斯特大学的研究人员在《个性研究》杂志上报告说，他们对147名大学毕业生进行了跟踪调查，对这些大学生的人生目标和幸福指数进行评估，时间为一年。结果通过研究发现，那些被调查者中许多名利双收的人非但不感到幸福，反而觉得生活没有意义，而真正感到幸福的人是那些实现了“自我价值”的人。大量事实证明，真正的幸福感来自“精神上的满足”，而并不是金钱上的富足。有些人在获得大量的金钱之后往往会身不由己，甚至会产生失落感，他们的内心是孤独的，或许也是痛苦的。

她和男友大学谈了4年的恋爱，却在临近毕业之际分手了。她提出了分手，理由是“我不想和你回到那个小镇上去，喜欢都市的繁荣，我是属于这里的”，男友在心痛之余还是尊重了她的决定。

大学毕业后，她与一位中年商人认识了，并很快结婚了。商人已经年近40，离过两次婚，他贪图她的青春与美丽，而她只想过奢华的生活，她觉得这样的交易很公平。她终于过上了她想要的生活，从衣服到化妆品她用的没有一样不是名牌，一双鞋、一件衣服常常成千上万元，挥霍金钱成了她的快乐。她的丈夫常常早出晚归，有时甚至彻夜不回，他的解释永远都是忙。

有一天，她在商场看见丈夫与一位年轻女子相当亲热，她很生气，晚上回到家，她质问丈夫却被一把推开并恹恹地说：“你安心做你的太太就行了，别的事最好少管。你当初同我结婚还不是看上我的钱，想过富足的生活。”说完他摔门而去，许多天都没有回来。

原来，她在丈夫眼里不过是个寄生虫而已，回忆起过往种种，只有苦笑。

也许，有的人会把拥有金钱看作一种幸福，这样的金钱观是极其错误的。一个人即便是富可敌国，但他的精神世界是空虚的，或者是不自由的，那么他就绝对不会幸福，甚至会感到很痛苦。

心理学家称，幸福本身只是一种心态，一种平和的心态，而根本不在于金钱的多少。有时候，你获得的金钱越多，但所收获的幸福却越来越少。为此，你需要明确以下几点。

1.幸福到底是什么

生活中，有的人觉得幸福就是自己有了许多钱，因此，他们花很大的力气去达到这样的状态。但在现实生活中，可以在财富和地位上都达到显赫状态者毕竟是金字塔的顶尖，能实现这样愿望的人少之又少。于是，许多人瞬间觉得自己是不幸福的，心理学家认为，一个人的幸福与否，在很大程度上取决于评判的标准，有些不将金钱与幸福画等号的人，即便他们不富裕，但他们觉得自己就是幸福的。

一日，老张听说妻子要带一个同事回家吃饭，便做了满满一桌子菜。席间，这位同事突然忍不住说道："我好羡慕你们，你们家里好温馨、好幸福。"正在给母亲夹菜的老张突然被这一句莫名其妙的话弄糊涂了，在一起吃顿饭就幸福吗？看到老张一家人都惊讶地望着她，她不好意思地说道："一家人围在一起吃饭，嘘寒问暖，相互说话，这样的生活我真的好羡慕。"

老张妻子开玩笑说道："你们两口子一月的收入是我们的好几倍，你们不幸福吗？"

这位朋友黯然失色道："我希望少挣点钱，一家人天天生活在一起，家里有老、有小，相聚在一起就是幸福。" 原来这位朋友夫妇二人都是挣钱的高手，但天各一方，孩子跟着爷爷奶奶，一家人生活在三个地方，在一起聚会的时间少，分离的时间多。所以特别羡慕老张一家人天天生活在一起的日子。听朋友这么一说，老张突然真的感觉自己很幸福，只是每天忙于工作，忘记了去讨论幸福在哪里。

的确，家的平淡与温馨，只要经常置身其中，便会觉得那其实是我们一直期待的。或许不会给你带来大富大贵的光荣，只是平稳如四方八达的平台，只是平静如一望无边的湖海，但是那种宁静与从容，让你感受的便是一种平安的幸福感觉。

2.我们应该保持内心的纯净

有一句名言：如果心不造作，就是自然喜悦，这就好像水如果不加搅动，本性是透明清澈的。接纳自己的第一步就是让内心淡定，只要你的心是纯净的，那么，你就能接受幸福、接受快乐、淡化痛苦。反过来，如果你内心躁动，你又怎么能看到最本真的自己？

3.不要为金钱的多少而较真

那些将金钱与幸福画等号的人，很容易为金钱的多少而较真，尤其是他们的现实与梦想差距悬殊的时候。他们觉得自己就是最不幸福的人，而直接的理由就是没钱。钱的多少能影响心底最真实的感觉吗？所以，请珍惜眼前的生活，不要再为金钱的多少而较真了。

别一味地哭穷，靠自己的双手致富

我们都知道，人人都希望生活富足、衣食无忧，但大部分人却依然为生存奔波，依然很穷。贫穷正是很多人焦虑的原因，正因为如此，我们经常听到周围的人抱怨，“我很穷……”同时还详细地描述自己到底有多穷。同时，对于别人的发财致富，他往往还会“酸溜溜”地说上几句：“哎，我就是没人家老王的运气好，那么大的一个工程竟然让他赚到了。”这样习惯抱怨和哭穷的人，其实最让人瞧不起。一个人不应该有事没事总哭穷，不管你是真穷还是假穷，自己贫穷了，自己奋斗去，而不是拿出来让全世界的人都知道，这根本没有必要。另外，你要想改变贫穷的现在，就必须行动起来，焦虑只是愚蠢的行为。

马云，是我们耳熟能详的名字，是互联网经济的杰出代表之一，他是阿里巴巴的总裁。面对现在的成功，如果回忆起当初的辛苦，估计连他都难以相信自己走到了今天。

1955年，马云受托去美国催讨一笔债务，结果，他一分钱都没有要到，但他却发现了互联网中蕴藏的巨大商机。所以，一回到杭州，他就产生了一个念头——要做互联网，尽管当时的他身上只有1美元。

然而，当他兴致勃勃地向别人倾吐这一想法时，却被所有人反对，即便如此，马云也没有改变自己的想法，而是更加坚定自己的想法。

随后，马云找了一个搭档，加上自己的妻子，3人凑足了2万元启动资金，开始了自己的第一家互联网公司。刚开始，生意很困难，马云不得不在杭州街头的大排档里，口沫乱飞地讲述自己的梦想，人们都认为他是一个骗子。但是，马云无暇去注意别人对自己的称谓，而是不屈不挠地讲自己的互联网梦想，慢慢地，他的业务开始艰难地发展起来，马云越讲越有名，他所做的“中国黄页”也越做越大。

这时，杭州电信要求与马云合作，马云当即答应了，居然将营业额做到了700万元，但是，由于之后的合作出现了问题，马云毅然放弃了中国黄页，接受了外经贸的邀请。在随后4年的时间里，马云舍弃了2次，这其中的艰辛可想而知。

1999年4月15日，阿里巴巴上线，很快做出了成就，并成了行业内的后起之秀。马云开始在世界各地讲述互联网的梦想，著名的风险投资公司Invest AB的亚洲代表台湾蔡崇信加盟其中，随后华尔街多家公司向阿里巴巴投入了500万美元，一时之间，阿里巴巴声名大振，马云的互联网梦想实现了。

一个穷教书的去做网络，估计当时很多人都会嘲笑他，但是，马云坚持过来了。在这个路途中，他从来没有说自己有多困难，而是一直坚定不移地走下去，最后，他终于成功了。

生活中，很少有人是含着金钥匙出生的。大多数人所过的不过是平常人家的日子，不富贵，但也不会太贫穷。但人都是喜欢比较的，虽然自己并不算很穷，但跟其他人比起来，就觉得自己穷了。于是他们开始纠结自己的贫穷，而从来不思考自己是否努力过。如果你只是哭穷，那根本改变不了任何现状。要改变经济上的困窘，需要你做到以下几点。

1.关注未来，不要满足于现状

独具慧眼的人，往往具备人们所说的野心，不会为眼前的蝇头小利而放弃追求梦想的愿望，他们一般是用极有远见的目光关注未来。

2.订立人生目标，早做个人理财规划

如果你是个刚进入社会的年轻人，对于未来，你要有清醒的认识，未来你要做的有买房、买车、结婚、生子、子女教育、个人进修、休闲旅游、退休等，每一件事情都是人生必须经历的阶段，都需要一笔不小的开支，为了确保这些目标在不同的人生阶段都能够顺利实现，必须及早规划个人资产，给自己提供一个稳定的未来预期。可以在金融理财师的指导下，建立科学的中长期目标，根据个人收入支出状况、增长比率及投资收益率等做一份个人综合理财规划，日常的财务收支紧紧围绕这一理财规划，以便在不同的人生阶段各个目标都能够顺利实现，无后顾之忧。

3.做好致富知识积累

任何一条致富路，都是一门学问，所以本身也是需要我们通过学习积累去获得的。以投资理财为例，事实上，没有人天生会投资理财，大多数都要靠后天的学习去掌握。而学习投资知识的方法有很多。

首先，学习理财的方法很多，比如我们可以通过书本学习，这是最基础的，也是最可靠和扎实的方法。不过市场上的投资书籍五花八门，有心想要读几本来学习掌握一点知识，但不知道该从哪本开始读起，或者到底哪些才是有真材实料值得去研究的。

其次，全面的投资知识学习要从以下几个方面展开：储蓄、债券、基金、保险、股票、外汇、期货、信托、黄金、房地产、典当、收藏等。

爱默生告诫我们："人总归是要长大的。天地如此广阔，世界如此美好，等待你们的不仅仅是需要一对幻想的翅膀，更需要一双踏踏实实的脚！"任何人的成功都是点滴的进步。但反过来，任何思维和行为上的进步也需要梦想的指引，因此，从现在起，你只需树立一个正确的理念，并调动你所有的潜能加以运用，便能带你脱离贫穷，步入富人的行列之中！

可见，生活中，你因为贫穷、因为生存而焦虑，而哭穷其实根本起不到任何作用，也得不到别人的同情，反而会让人看不起你。贫穷是我们不能选择的，但奋斗却是自己可以选择的。如果你对自己的生活现状并不满意，觉得自己过的是穷日子，那就去奋斗、去努力、去拼搏，这样才能真正地改变自己窘迫的现状。

别让超前消费压得你喘不过气来

近几年，随着新支付方式的兴起，尤其是在年轻人中间，出现了一种流行的消费模式——先消费，后付款。年轻群体中“赊账”消费的人群呈爆发性增长。另外，“房奴”“车奴”和“卡奴”等一些新词汇也开始悄然流行起来，虽然每个人嘴上都显得心不甘、情不愿，但却乐得享受当下的生活。那些新颖而又独特的字眼进入了人们的视野，实际上，广大的消费者已经成了房子、汽车、信用卡的“奴隶”。

从经济学角度看，超前消费确实可以帮助我们更便捷地支配财富，实现通过储蓄和贷款对消费进行跨期替代，实现自身效用最大化，但我们也应该看到超前消费带来的负面影响，那就是容易盲目攀比，出现大量的伪富豪等现象，甚至在高消费后偿还无力的情况下，铤而走险做出违背道德甚至触犯法律的事情。另外，从心理压力角度看，很多人看起来生活潇洒，但是入不敷出。久而久之，债务越来越多，最终陷入无穷无尽的焦虑之中。

小梅在一家私企工作，月收入3000元。听到身边同事都买了房子，她眼红了，如果自己不赶紧买房子，岂不是被人比下去了？于是，去年11月小梅如愿按揭了一套房子，拿到房产证的当天，小梅如释重负：我终于不需要再租房了，我终于迈进有房一族了，我终于是房子的主人了。

然而，月供1715元的房贷让小梅气喘吁吁，承受着“一天不工作，就会被世界抛弃”的精神重压，不敢娱乐，不敢生病，除了买书以外不敢高消费。自己的酸辛不足为外人道也，至此小梅终于发现，自己其实并不是风光八面的房主，而是货真价实的“房奴”。

小梅常常想，要是不买房，节省下来的钱足以使自己的生活质量提升一个档次；要是不买房，节省下来的钱也足以让远游的自己多一份孝敬父母的心意；要是不买房，自己也势必活得更有尊严，不必承受许多原本不该有的精神重压。自己拥有了房子，却失去了幸福；自己得到了房子，同时也得到了压力，这真是一种悖论。

有时，小梅不免这样问自己：买房难道是一种美丽的错误吗？特别是对于像我这种收入水平的人而言。但转念一想，要是不买房会怎么样呢？估计每天办公室的话题就转向我了，怎么还买不起房子啊，怎么还租房子啊，哎，听到这样的声音，估计自己真的要被噎死，所以还是买个房子，满足了自己的虚荣心，也堵住了别人的嘴。

当今社会，在市场经济条件下，大概越来越多的人开始“装富”，进行提前消费，何谓“装富”？也就是所谓的伪富豪，明明自己没有钱，但为了满足自己那点可怜的自尊心，他们开始拆东墙补西墙，就这样过着极其虚伪的生活。在他们看来，这是一种很潇洒的生活方式，即便是背负着债务，也可以令自己活得风光四射。说到底，这样的生活真的好吗？等所有的声音都安静之后，他们才会发现自己活得有多么虚伪。那装出来的“富”，不过是外在的富裕，其内在却是空空如也。有钱难道就是一种面子吗？在他们看来，这是肯定的，如果自己表现得没钱，那就表示自己失去了面子。于是，他们宁愿让自己变成伪富豪，也不愿袒露真实的自己。

于是，人们风靡于办各种各样的信用卡，上班族开始考虑通过向银行贷款买房买车，人们成为“房奴”“车奴”，但却乐于向别人展示自我。

可以说，过度提前消费是一种错误的消费观，不但可能会让你陷入财务困境，还会让你陷入焦虑之中。要改变现状，你可以这样自我调节：

1.对金钱要看淡

不管自己有没有钱，对金钱都要看淡。如果你有钱，那更需要看淡金钱。只有这样，你才能真正居于成功者之列。如果没钱，那就更不用炫富，因为你根本没资格炫富，这样做的结果只会不断地膨胀自己的虚荣心。

2.过度提前消费，是一种与金钱较真的表现

有位习惯提前消费的先生的生活是这样的：工作4年，只有几千元存款的他，平均每个月收到三四份不同银行寄来的对账单，总还款额每月不低于3000元。而他每月的总收入也不过5000元左右，除了还信用卡外，自己还要应付房租、水电费、

交通费用、社交活动费等，这让他时常感觉到财务紧张。因为与金钱较真，结果把自己逼到了无路可走的地步，这又是何必呢?

3.活得自信就是最大的财富

你总是提前消费，可能外表很光鲜，但内心却十分惶恐。这样的人，即便浑身戴着几十斤重的金链子，他也会感到喘不过气来，活得这样累，人生会有幸福可言吗？有的人虽然不富裕，但他很自信地活着，于是，他就成为最富裕的人。

4.制订消费计划，不盲目提前消费

可能不少人也都深深地感觉到，提前消费似乎是一种欲罢不能的行为，一旦有了这样的习惯，就难以改变。就好像深陷在泥潭里，难以自拔，结果，自己先陷入焦虑之中。现在的你如果也有这样的倾向，一定要学会调节，在消费时，要量入为出，衡量自己的经济实力，做出明智的消费行为。

第5章 社交焦虑，鼓起勇气克服恐慌和害怕

我们都知道，社交，离不开人与人的交往。然而，我们发现，一些人，尤其是性格内向的人，一遇到人际交往，就会感到焦虑、害怕、紧张、惶恐甚至心跳加速，说话结巴和手足无措等，这一现象被称为“社交焦虑症”。那么，如何才能克服社交焦虑症呢？接下来，我们将在本章中寻找答案。

什么是社交焦虑症

现实生活中，我们在进行社交活动时，难免有一定程度的紧张感，但如果你出现极度的恐惧感，甚至出现无法说话、颤抖、呼吸急促等症状，那么，你可能是有社交恐惧了。那么，什么是社交恐惧症呢？

社交恐惧症，又名社交焦虑症，是一种一进入社交场合或者参与社交就感到恐惧或忧虑的精神疾病，并且，这种恐惧是持久的，他们害怕自己的行为或紧张的表现会引起羞辱或难堪。有些患者甚至严重到连打电话、购物或者问路都感到焦虑，这在心理学上被诊断为社交焦虑失协症，是焦虑症的一种。此症最早起源于1985年，当时被认为是忽略性焦虑失协症，经过多年后才渐渐被重视。

一般来说，社交恐惧症可分为如下两种。

1.一般社交恐惧症

一般社交恐惧症的表现是，在任何地方或者情境中都害怕成为别人注意的中心，一旦发现别人在关注你，你就会害怕，然后装作若无其事地喝饮料、进餐，你会尽可能回避去商场和进餐馆。你从不敢和老板、同事或任何人进行争论，也不敢为自己发声。

2.特殊社交恐惧症

这种社交恐惧症一般表现出在某些特定的社交环境下感到恐惧，如当众发言、当众表演。尽管如此，在别的社交场合，特殊社交恐惧症患者却并不感到害怕。这些患者在推销员、演员、教师、音乐演奏家人群中较为多见，他们在日常社交中并没有什么问题，但是只要上台、需要展现自己的社交能力时，就会感到极度的恐惧，甚至语无伦次、紧张出汗。

社交恐惧症患者总是担心会在别人面前出丑，在参加任何社会聚会之前，他们都会感到极度的焦虑。他们会想象自己如何在别人面前出丑。当他们真的和别人在一起的时候，他们会感到更加不自然，甚至说不出一句话。当聚会结束以后，他们会一遍一遍地在脑子里重温刚才的镜头，回顾自己是如何处理每一个细节的，自己应该怎么做才正确。

这两类社交恐惧症都有类似的躯体症状：口干、出汗、心跳剧烈、想上厕所。周围的人可能看到的症状有：红脸、结巴、轻微颤抖。有时候，患者发现自己呼吸急促，手脚冰凉。最糟糕的结果是，患者会进入惊恐状态。

患有社交恐惧症是非常痛苦的，严重影响患者的生活与工作。在很多人看来，非常容易做到的事，他们却只能望而生畏，他们会认为自己是个无趣的人，并且认为这可能也是别人对他们的看法，他们会为此变得敏感，不愿意打扰别人，而这样做，会加剧他们的社交恐惧症，许多患者改变他们的生活，来适应自己的症状。他们（和他们的家人）不得不错过许多有意义的活动。他们不能正常购物、逛街，没有甜蜜的婚恋关系，不能去公园，总是避免与人接触，甚至放弃好的工作机会。

一般人对参加聚会或其他暴露在公共场合的事情都会感到轻微紧张，但这并不会影响到他们出席。真正的社交恐惧症会导致无法承受的恐惧，严重的案例里，病患甚至会长时间地把自己关在家里孤立自己。

社交恐惧症患者主要临床表现如下：恐惧被别人注视；恐惧自己会做出丢脸的言谈举止或表情尴尬；怕自己在别人面前张口结舌；怕吃饭时由于有人注视而丑态百出；恐惧得手发抖以致无法写字；害怕在公共场所呕吐等；回避见人、所有公众场合；焦虑、面红、心慌、震颤、出汗、恶心、尿急等；在公共厕所里怕因恐惧而解不出小便。

社交恐惧症患者总是处于焦虑状态。他们害怕自己在别人面前出洋相，害怕被别人观察。与人交往，甚至在公共场所出现，对他们来说都是一件极其恐惧的任务。

社交恐惧症不应该与恐慌症混淆，恐慌症患者相信他们的恐慌是由某些严重的物理原因造成，在发作当时或之后往往去医院或叫救护车。社交恐惧症患者也许会经历恐慌发作，但是他们会察觉到自己经历的是由非理性的恐惧造成的极大焦虑。很少有社交恐惧症患者愿意在那时去医院，因为他们害怕权威人士的拒绝或评断。与权威人士打交道对大部分社交恐惧症患者来说特别困难，像是打电话询问、参加约会、派对或工作面试，等。

社交恐惧症是神经症的一种。在美国最多的心理障碍疾病中，患社交恐惧症的人数仅次于抑郁症、酗酒而名列第三，我国患病人数也在增加。

因此，根据以上症状，如果你也有这一倾向，一定要引起重视，尽量克服，必要情况下寻求心理医生的帮助。

怎样克服搭讪的焦虑

人与人之间的关系，一般都经历相遇、相识、相知这三个过程，即使是陌生人，也可能就是你的下一个朋友。中国人也常说“多个朋友多条路”，人生的路上，关键时刻朋友的帮助能让我们脱离险境，能让我们飞黄腾达，这也已经是无数成功者的切身体验和宝贵心得。一个善于交朋友的人，一般都能做到处处受欢迎，事事得到他人帮助。毫无疑问，这样的人，在竞争激烈的现代社会一定会多几分必胜的把握。那么，朋友从何处来？很简单，任何友谊的得来都要经过相遇到相识再到相知的过程。那些我们遇到的路人，此刻是陌生人，下一秒都可能会成为我们的朋友，但前提是，我们要敢于搭讪。

然而，我们发现，在现实生活中，一些有社交恐惧的人，对于搭讪是避而不及的，这就是搭讪的焦虑。对此，我们要认识到，唯有鼓起勇气，勇于搭讪，才能结识到你想结识的人。对此，我们不妨先来看一下下面案例中搭讪在商业活动中的作用：

周末这天，陈晓来到商场，准备为自己添置一双鞋。来到某品牌专柜，她左看右看，也没看到合适的。正准备离去时，她发现迎面走来的一位女士好面熟，仔细想了想，原来大家都在同一座大楼上班。出于好奇心，陈晓决定看下这位女士会挑什么样的鞋。于是，她继续假装看鞋。

“小姐，你这双高跟鞋打不打折，啷个那么贵？”这位女士一口重庆腔。陈晓一听，原来是老乡，禁不住想过去和她说几句话，但未免显得唐突，只好作罢。

“不好意思，我们这里的鞋子全部正价。”

“可是一般的专卖店也会打个八折，一双鞋子八九百，实在是有点贵撒。”陈晓也用重庆口音加入了对话。听到陈晓的回答，对方似乎很吃惊，但立即表现出很高兴的样子，对陈晓说：“你是重庆哪里的？在北京做什么工作啊？”

“江津的，做化妆品销售工作。对了，您是不是在××大楼上班？我以前好像见过你，还不是一次两次呢。”

“是，我自己开了个保健品公司。”

“相比之下，我就自愧不如了，同样是重庆来的，我还是个销售员呢！”

“没啥子，我当初也是这样一步步走过来的，你还年轻，对了，我们交换一下电话吧，以后有事要找我啊。”

“你不说我差点忘了……”

就这样，陈晓和这位老乡认识了。后来，她们成了很要好的朋友，她还帮陈晓介绍了很多客户，因为关注保健的那些女士通常也很在意自己的皮肤。

案例中，我们发现，销售员陈晓因为机缘巧合，在商场看见了面熟的陌生人，此时，她们可能会擦肩而过，但她却产生了结交的欲望。在发现对方是自己的老乡时，双方之间的距离一下子亲近了很多，于是，她们留下了联系方式，并很快成为好朋友。

的确，我们若想扩大自己的人脉圈子，就不要放过结交陌生人的机会。有时候在看报纸或与别人闲谈时，或者与别人吃饭时甚至是他人不经意间的一句话可能就会让我们有所收获，发现目标。对于我们每天遇到的路人，只要我们懂得灵巧地搭讪，也有可能与之结交，甚至成为朋友。

那么，我们该如何克服搭讪的焦虑呢？

1.树立自信

搭讪最为重要的就是你的信心，人在自信的时候会非常自如地表现自己，既没有恐惧感也会轻松地吸引他人。搭讪的时候怎么让自己变得自信尤为关键，在我看来最为有效的方式就是：自我暗示。你要告诉自己，你是最棒的、最优秀的、吸引人的。

2.掌握一定的搭讪技巧

在餐厅、乘坐公共汽车或者散步时，您有没有尝试着和您身边的人交谈过？您会发现和走近您身边的人进行交谈是一件非常有趣的事情。如何结识你周围的陌生人，就考验了我们“搭讪”的技巧。

首先，当你遇到那个你想交往的人，你应先走进他的五步的范围内。然后，抓住机会，先友好地介绍自己。

接下来，你就应该问及对方的工作，以及偶遇的原因等。善意的对话使对方积极回应。

再接下来，话题会转到对方问及你的工作等，你的任务是将名片递给他们。人们都会乐意接受你的热情和名片。

通常出现下面两种情况，无论哪种情况都对你有利：

第一，他们同意打电话与你进一步讨论。

第二，同意让你打电话给他们，进一步讨论。

现在你得到了什么？认识了一个你几乎没有可能认识的人。当然，与陌生人搭讪的方法多种多样，只要我们认真总结、积极探索、逐步积累，我们就能不断交到朋友，我们的人脉圈子也会越来越广泛！因此，只要我们保持开放的心态，好人缘就会随之而来！

3.多实践

搭讪的整个过程还是需要我们自身去实践。因而未知才是我们真正恐惧的，所以在我们对搭讪这件事有了一定了解和把握之后，才有可能减轻我们本身的焦虑，人的恐惧就源于对未知世界的恐惧，多主动与人交往，就会发现搭讪也不过如此。

另外，我们在搭讪的时候也不必非要追求一个好的结果，觉得加了微信、要到电话号码了才是成功的。有时与人相谈甚欢，就是进步；比上一次搭讪时间长了几分钟等都是说明你是成功的。

你为何一到众人面前说话就紧张

在我们的生活中，不少人因为工作、学习的需要，都需要在众人面前说话。随着学业、事业的发展，如求职面试、竞聘职位、工作述职、汇报说明、总结报告、发表意见、主持活动、商务谈判、宣传产品、激励员工、接受采访、会议发言等。当众讲话是一个人必备的基本技能。英国前首相丘吉尔曾说过一句经典的话："你能对着多少人当众讲话，你的事业就会有多大!"可见，当众讲话是一门不可不学的学问。

然而，令不少人苦恼的是，人们对于当众讲话都会有不同程度的紧张感。所以，我们一定要突破当众讲话让我们紧张的心理障碍。

美国成人教育家戴尔·卡耐基先生毕生都在训练成人有效地说话。他认为，成人学习当众讲话，最大的障碍便是紧张。他说："我一生几乎都在致力于帮助人们克服登台的恐惧，增强勇气和自信。"

可以说，在公众面前紧张是再正常不过的心理，事实上，紧张能使人大脑皮层兴奋、开发潜能。许多专家认为紧张、压力是激发潜能的有利因素，紧张不见得是件坏事，适度紧张不但无害，还会起到积极的作用。

对于当众说话来说，适度紧张会让我们重视听众，重视我们的表达方式，不会懈怠。只要你在乎听众，想给听众留下好印象，自然就会重视你的讲话，不会完全放松。即便是那些在公共场合侃侃而谈的人，其实也没有完全消除紧张，因为这样反而会增强表达的效果 。

然而，如果紧张变成过度紧张，就需要我们进行调整了，因为它会造成思维停滞言辞不畅，为此，我们需要把它降到一定程度，让它成为一种助力而不是阻力。

那么，当众讲话紧张的根源在哪里？既然紧张是人的一种反应式行为，那这种紧张到底是对什么做出的反应呢？对此，我们不妨先以生活中的高考为例进行分析：

相信大部分人都经历过高考，高考前一定都特别紧张。这是为什么呢？因为担心意外情况的发生，万一发挥失常，万一考试那天发烧拉肚子，万一题目超出了自己复习的范围……很多偶然情况可能出现。这样，考试成功的把握就更没有多少了。一旦这种不安感产生，紧张感也会随即而来。然而，不得不说，也有不少人不会担心这一点，这类人有两种：一种是成绩非常好的，如保送生，他们早就被一些名牌大学钦点，但他们要证明自己的实力，坚持自己考，非北大、清华这类学校不上，因此，他们的把握很大，不会在考试中紧张。还有一种学生，他们的学习成绩很差，深知自己怎么都会考不上，“是妈妈让我考的”，不得不参加。这是连需求都没有的人，还紧张什么呢？所以心理学上有一句话“压力总是伴随着需要而产生”。无欲则刚，没有需求了，人还有什么可担心和害怕的？

从这个分析中，我们大致也可以推出人们在公共场合紧张的原因：“有需求，没把握。”由于出现了害怕的感觉，让人产生了紧张。无外乎就是害怕“自我形象不好”“怕出丑”“怕丢脸”“怕没面子”。有了这种害怕心理，才会导致紧张出现。

美国魅力学校校长都兰博士认为，产生怯场紧张的原因主要有以下几个方面。

1.为自己设定好标准，但又担心自己做不到

一些人在开口之前就为自己设定标准，一定要让他人接受自己的想法，一定要博得听众的掌声，一定要……但如果没有做到怎么办？于是，这种想法导致他们害怕起来。

2.准备不足

任何一场临时抱佛脚的讲话都会让人产生恐惧的心理。

3.担心自己的表现无法让他人满意

这与第一点异曲同工。

4.曾经有过失败的经历

在众人面前丢脸，要想重拾勇气，确实不易。

5.没有充分进入角色

当然，最后一点，也和前面四点有着不可分割的联系。

了解一到众人面前说话就紧张的原因，能帮助我们对症下药，找到具体的解决措施，以做到在演讲中自信登台，大胆开口。

为何你特别惧怕看见领导——上司恐惧症

当今社会，人际关系的重要性日益凸显，仅凭自己的一双手去开辟事业天地已经越来越不现实，这一点同样适用于职场人士，很明显，那些不善言谈、只会埋头苦干的人很难在职场上出人头地。这些人并不是没有倾诉与表达的欲望，而是因为他们害怕与领导沟通，虽说业绩出色，但不敢向上司说出和实施自己的想法与主张，掌握生杀大权的领导自然会把他排除升职、加薪之列。

这种特别害怕看见领导的行为，心理学将其称为“上司恐惧症”，是社交恐惧症的一种，是常见的心理问题或心理障碍之一，轻微的上司恐惧症可以在工作中自然调节，如果调节无效或症状加重，再满足于自我调节就会陷入误区，这种情况下就该去接受专业的心理咨询、心理训练或心理治疗。

其实，自信是我们实力的一部分，当我们与领导说话的时候，只有不卑不亢，大胆将自己的内心想法说出来，领导才会了解我们有多出色，从而给领导留下好印象。

杨斌是北京一家外企的销售经理，如今，他可谓功成名就，员工已经过百，掌握着公司的经济命脉，受老总器重、员工敬重，实在是春风得意，令人羡慕，可就在两年前，他还是个名不见经传的业务员。

两年前，他刚从一所三流大学毕业，找工作过程中处处碰壁早已让他信心全无，于是，在朋友的介绍下，他来到了现在的公司，准备从一名业务员慢慢做起。但不苟言笑的他始终无法融入集体，销售业绩虽然不错，但总是不被提拔。这让杨斌更加情绪低落。但有一件事改变了他。

有一天早晨，他和公司副总同乘一部电梯，他向副总问好，副总竟然不知道他是谁，更别说叫出他的名字了，杨斌很受打击。通过这件事，他仿佛明白了自己多年来很努力却总是不被重视的原因：拘谨、内向、过分谦虚，结果悄无声息得让人忘了他的存在。

后来，杨斌去了一家咨询公司，他们给了杨斌答案：不够自信！他尝试着从身边的小事开始，加强自信心，他开始在公共场合发表见解，开始在办公室和其他同事交流，经常尝试着去向领导汇报工作。

果然，不到半年的时间，领导们都对杨斌产生了很好的印象，好几次还是副总主动和他打招呼。在人事调动大会上，大家推荐杨斌任销售部经理，总裁问杨斌自己的意见，杨斌当仁不让，立即将自己这么多年的一些思考和建议都陈述出来，他的想法马上引起了总裁的兴趣，一周后，聘任书便到了杨斌手上。

自信是一种气度，是实力的最好证明，自信与实力是相辅相成的，自信者不卑不亢，是因为有十足的知识储备或者实战经验，当你信心十足地工作时，效率自然高得多。所以，作为一个职场中人，就要和范例中的杨斌一样，摈弃拘谨、内向等一些交际弱点，大方地向你的领导提出你的想法和个人见解，永远自信地做最好的自己，这样才能登上事业的一个又一个高峰。

细细分析起来，很多职场人士之所以害怕与领导交流，甚至有上司恐惧症，主要还是慑于领导的威严，害怕万一不小心说了不该说的话，得罪了领导，不但不能升迁，还会被领导穿小鞋等。毕竟，领导掌握了每个员工的生杀大权，于是，很多人对领导避而远之，更不能大方地与之侃侃而谈。

那么，我们在与上司沟通时，该如何克服内心恐惧、大胆表现自己呢？

1.敢说，大胆地说

现代职场，考究人才的标准已经逐步多元化，一个连领导都不敢接触的人谈不上有什么社会竞争力，真正的人才还要学会表达，需要将自己的意见与想法准确、流畅、生动地传达给别人。而首先，你就必须敢说，敢迈出自我心理界限的第一步，自信是实力的第一证明，大胆地说出来，才有证明自己的机会。

2.具备自信的精神面貌

当一个人与另外一个人接触的时候，给别人的第一感觉并不是语言。我们要想给领导留下难忘的印象，除了要在语言上自信以外，还要具备自信的精神面貌。即使你再侃侃而谈，如果衣着邋遢、不修边幅、精神萎靡，也会让人反感，而且，这会给人不尊重的感觉。毕竟一个人的精神面貌很大一部分是通过外在表现出来的。

3.做足准备，大方交谈

很多职场人士之所以在和领导交谈的时候手忙脚乱、语无伦次以至于显得不够自信，还有一个重要的原因就是准备不充分，你要知道，准备充分，说话的时候才会有理有据，才会显出你的专业能力和素质，也就是你的实力，才会让领导赞同。而领导的时间是有限的，准备不足，耗费领导的时间，他只会怀疑你的能力和态度，所以，要想让自己更自信，不妨多做些准备。如此充满信心的你，很可能经常收获意外惊喜，你的努力也会很快变成事业上的成就。

可能我们还记得，在刚踏入职场的那一刻，当我们面对面试官时，我们深深体会到，只有准备充分、全副武装，才能轻装上阵，才能减轻紧张感，才能沉着应付。而当我们工作数年，再次面对领导时，是否忘记了这一点呢？

美国广告大王布鲁贝年轻时，他所在公司的经理问他：“印刷厂把纸送来没有？”他回答：“送过来了，共有5000令。”经理问：“你数了吗？”他说：“没有，是看到单上这样写的。”经理冷冷地说：“你不能在此工作了，本公司不能要一个连自己也不能替自己做证明的人工作。”从此，布鲁贝克得出一个教训：对领导，不要说自己没有把握的事情。

总之，工作中，我们需要与领导沟通，需要向他请教一些难以解决的问题。因此，我们一定要克服上司恐惧症，大胆自信地表达，要给领导留下一个干练、专业的形象。

别因紧张手足无措——异性交往焦虑症

我们都知道，在人际交往中，如果你仅停留在想象阶段，甚至经常想象着失败的体验，只会让自己更加缺乏自信，总认为自己不行，缺乏交往的勇气和信心。与异性交往同样如此，我们在日常生活中不可避免地需要与异性交往，然而，对此，一些人却有焦虑情绪。他们在异性面前异常的紧张和恐惧，有的甚至出现异性关系妄想等心理症状，这就是我们所说的“异性交往焦虑症”。异性恐惧主要表现为不敢与异性目光接触，更不敢与异性交谈，即使与异性交谈，也会面红耳赤、言语不清，一看见异性向自己走来，则全身紧张、流汗。

其实，只要你敢于迈出第一步，尝试开口和异性说话，你会发现他们都很友善，而与人交流其实也是非常快乐的事情，这种愉快的交往体验也会促进你与异性交流的冲动和行为。

我们先来看看下面这位青年的自述：

我今年28岁，毕业也有几年了，现在在事业单位工作，家里经济条件比较好，如今是适婚年纪了，所以最近因为被老妈催着找个女朋友结婚而感到很苦恼。其实我也想早点结婚，但在交际方面有些难言之隐，一直也没交成女朋友……我发现自己好像不会与女生打交道。其实周围的女孩子也不少，但是每次看到，我都会想办法避开，甚至在路上偶遇相识的女同学也要绕远了走。即便有和女生闲聊或者交流的机会也显得很拘束，找不到话说，特别是在和一些条件比较出众、比较引人注意的女生独处的时候，更是觉得尴尬，说不了两句话就不知道该干什么。我知道都是自己的问题，但我不知道该怎么办。

这里，这位年轻人可以说是对异性有着“非同寻常”的心理感受，是一种害怕、逃避的情绪和行为反应，就是人们常说的异性交往恐惧症。

对于异性交往恐惧症形成的原因，心理学家认为，可能有以下两个。

第一，可能曾经在与异性交往的过程中受伤过深，进而畏惧再与异性交往。

第二，与孩提时代的成长经历有关，例如，家里很少有异性亲人，他们缺少与异性同龄人交流的机会，这样很容易引起异性交往障碍。不仅如此，他们在公共场合还会出现紧张害怕、手足无措、手心出汗的症状，严重的还会害怕见人，一般需要接受心理辅导。

要克服异性交往恐惧症，需要遵循以下几步。

1.走出第一步：主动与异性交流

如果要克服这种状态，首先就是要多主动与异性交流，迈出交往的第一步，即使说得不好也没关系。只要你开口，哪怕是问候一声都行。

另外，在日常生活中辅以相关的训练，如朗诵等，也是很有必要的。

克服与异性交往的障碍，具体来说，可进行以下两方面的准备：

其一，情绪上的准备，即上文所述的克服自卑畏惧心理，尝试与接触异性，并开口与异性说话。例如常去一些社交场合，找机会与异性接触，等等。

其二，语言上的准备，如可以多朗诵，最好是能发出声音的那种练习。

长期缺乏与异性交往经验的人往往会有一点语言上的障碍，或者是平时与人交谈很正常，但一面对异性便支支吾吾、哆哆嗦嗦说不出话，如果能经常性地加强言语方面的练习，如阅读散文等，可以让自己在语言表达的通畅度、清晰度、情感感受度以及基本语言方面的能力得到提升。另外，还可以通过多与人交流、多参加一些社交活动等方式克服这种交往障碍。

2.学会正确的心理暗示

要克服异性交往障碍，勇敢行动很重要。当然，你会说，我只要和异性待在一起就会很紧张，说话老结巴了。这其实是紧张心理在作怪，此时此刻进行正确的心理暗示就显得很重要。

一般情况下，我们给自己的心理暗示是“不要紧张，不要紧张，要冷静下来”，不过，这种首先就暗示自己“不要紧张”的方式反而适得其反，会让自己更紧张。因为紧张情绪其实是一种正常的、健康的情绪，当人类在接受一件新的、有挑战性的任务而产生紧张感、压力感是正常现象。我们的心理暗示应该与自身的情绪一致，不应该是相逆或者是压抑性的暗示。只有你正确认识了紧张情绪并接纳它，才是最佳的调整法。

所以不要暗示自己“不要紧张”，正确的心理暗示应该是告诉自己：我现在正在做一件对我来说不是很容易的事情，紧张是很正常的。接纳此时此刻的情绪，然后渐渐地放松自己。

3.练习一些与异性交往的技巧

在与异性交往时，情绪上的放松相当重要。俗话说，女人要有气质，男人要有气场。这种气场不仅仅体现为自信和魄力，还在于交往中能给人一种轻松安全的氛围。对于不善于与异性交往的人来说，首先要保持情绪上的放松。至少不要轻易让人发现你的紧张焦虑感，说话时，脸红手抖或者结巴等都会让你的形象大打折扣。

其次要有自信，学会欣赏自己。如果一开始就自我否定，会自我“折射”出很多负面情绪，会不由自主地感到紧张、害怕，以致手足无措、语无论次，甚至老觉得别人在讨厌自己。如果你是这样的人，就得马上调整了。

第6章

职场焦虑，越是无止境的追求越是焦虑

身处职场，每个人都在追求自我实现，都希望自己的努力能得到认可，都希望升职加薪光临自己，都希望与同事、领导和睦相处，都希望在和谐的环境中工作。然而，你想要的越多，压力就越大，甚至会产生焦虑情绪，其实，只要你认真做好自己的工作、努力奋进，就能走出一条顺畅的职场路。

担忧自己的技能少——技能焦虑症

现代社会，毋庸置疑，无论是企业还是事业单位，都对员工的要求越来越高，只有那些有真才实学且不断学习的员工，才有竞争力。正因为如此，越来越多的人开始担心自己被时代抛弃，患上了“技能焦虑症”，生怕自己因为“技能”不足而被淘汰。

所谓技能焦虑症，就是职场人士因担忧自己的技能少而产生的焦虑情绪，表现为入职前拼命考各种证书，工作中担心自己的技能不够用而被淘汰甚至担忧技能失传等。产生技能焦虑的主要原因是普遍缺乏“职场安全感”。

现代社会，越来越多的大学生在毕业前都开始认识到技能的重要性，为此，他们组成了一个庞大的考证一族。一项题为“当代大学生学习需求”的调研结果显示：63%的大学生参加校外培训班，内容涉及第二外语、计算机、专业技能等。受访的大学生普遍对学习有着“多元化”的理解，认为，除了大学文凭外，谁掌握的证书多，谁就能在就业竞争中掌握主动。在这种形势下有些大学生考取了不下15本证书。

越来越多的大学生纷纷成为考证族，以至于不少学生从大一开始就排定了考证计划，大一考四级，大二考六级加计算机中级，大三考高级口译。而更多的大学生显然已不满足于英语、计算机等“你有我有大家有”的基本证书，而是一心想要几个“独门武器”，诸如电子商务师、人力资源师、物流师、营养师、心理咨询师等职业资格证书都在大学生眼里炙手可热。

那么，现代职场人士，为什么会患上技能焦虑症呢?

1.现代职场人士普遍缺乏“职场安全感”

职场人士中患技能焦虑的大有人在，或者担心技能不足，或者担心本专业的前景，总之，缺乏“职场安全感”使他们焦虑。

2.就业压力的加大

这一点，对于即将踏入职场的大学毕业生来说尤为明显，如果一名毕业生没有证书或者只凭那张大学毕业文凭恐怕很难找到工作，而拥有英语等级考试、计算机等级考试之类证书的人又太多了。因此，很多大四学生都认为，文凭越高、证书越多，找工作也就相对更容易。

大学毕业生逐年增多，2017年全国普通高校毕业生795万，2018年全国普通高校毕业生820万，就业形势严峻，高学历就业难……找工作出现了严重“供大于求”局面，“僧多粥少”，就业难成为不争的事实，客观上造成了不少大学生心理压力加大，一时又找不到合适的途径来增加就业“砝码”，最现实的办法就是通过多拿证书来寻求心理平衡和安慰。

3.担忧技能失传

有这种焦虑的主要是非物质文化遗产方面的从业者，由于后继乏人，从而产生焦虑。

那么，对于技能焦虑症的职场人士，该如何自我调整呢？以下是几点建议：

1.增加自信

自信是治愈神经性焦虑的必要前提。一些对自己没有自信心的人，对自己完成和处理事务的能力是怀疑的，他们夸大自己失败的可能性，从而忧虑、紧张和恐惧。因此，作为一个神经性焦虑症的患者，你必须首先自信，减少自卑感。应该相信自己每增加一次自信，焦虑程度就会降低一点，恢复自信，也就是驱逐焦虑。

2.倾诉压力

找一个能听你说话的朋友，向他叙述一下你最近的情绪状态和经历的各种事情。这种表述可以有效地减轻你的痛苦程度。例如，心理咨询师其实就是一个倾听者，来咨询的人把自己的遭遇叙述清楚了，问题也就解决了一大半。

3.挖掘原因

我们有时候并不知道自己为什么而焦虑，我们能做的就是暂时远离那些我们已经知道能给我们带来焦虑的事情。例如，焦虑症爆发的时候，你可以请假休息，暂时离开你的工作压力，缓解一下情绪。等自己感觉焦虑少一些了再上班。这样做可以防止你的焦虑症进一步恶化为严重焦虑。心理咨询师会建议你去乡村或者人少的风景区转转，离大自然近一点，你就轻松一点。

4.转移注意力

焦虑性神经症患者发病后，总是胡思乱想，坐立不安，百思不得其解，痛苦异常。而这种思维会进入一种恶性循环，越焦虑越想，越想越焦虑，从而无法摆脱。此时，患者可转移自己的注意力，这样就可以防止胡思乱想再产生其他病症，同时也可增强适应能力。

过分关注目标，反而做得不好——目标颤抖

在心理学上，有个概念——“目标颤抖”。目标颤抖的大意是说，当你特别想得到某种东西，或者特别想做好某件事时，往往会因为太专注于目标，反倒得不到、做不好。 也就是说，当你特别专注于目标时，离失败也就不远了。

这一心理学概念也可以运用到职场中，举个很简单的例子，你让员工拿一根线，在距离10米处挂一个直径2米的钢圈，对员工说：“这就是你的目标，你要把这根线穿过去。”员工会毫不犹豫，大步流星地跑过去，一下子就把这根线穿过去了，他没有颤抖恐惧的表现。我们再换一个目标，拿一根非常细的绣花针来，也对员工说：“这就是你的目标，你一手拿线，一手拿针，十分之五秒之内把这根线从针眼里穿过去。”

这时，你会发现，他恐惧了，手也开始抖，为什么？因为目标改变了——他感觉达不到目标就会有挫折感，开始“颤抖”了。那么，紧接着，他的抵触情绪就来了——我根本就达不到，你说也白说，我不干。

当你瞄准靶心打靶时，拿枪的手可能会颤抖；当你盯着针眼引针穿线时，拿线的手可能会颤抖。平时水平很高，关键时候却发挥失常，也都是这个原因。唯有放松，才能做得更好！有些事情看得太重反而会失去。重要的是保持一颗从容、淡定的心。

曾经，有个喜欢摄影的年轻人，他叫包维尔。

他在很小的时候，就知道自己毕生所爱的事业是摄影，所以大学毕业后，他并没有和其他人一样找工作，而是过着贫困又简单的生活，他将几乎所有的精力都放到了摄影上。在他看来，只要能够摄影就好，他吃着粗糙的粮食、穿着破了洞的牛仔裤，但因为可以摄影，他过得非常快乐。

27岁那年，他的坚持终于得到了回报，业界开始认可他的摄影作品，尤其是他的人物摄影，他成为世界公认的人物摄影大师，并为英国首相拍摄人物照，从此一发而不可收。

迄今，他已为全世界100多位总统、首相拍过人物照。请他摄影的世界名流更是数不胜数，排队等候一两年是常事。包维尔成为一个真正的世界顶尖级摄影大师。

从包维尔的故事中我们得知，在人生目标的实现过程中，一个人只要内心平静、努力充实自己，等待时机、不骄不躁，日子就会过得悠然自得、从容不迫。不去羡慕别人，你才会找到自己的生活，完成你的事业。

通常来讲，越是有所追求、越是想干点事的人可能遇到的烦恼和痛苦就会越多，凡事达观一点，看开一点，相信自己，终会心想事成。

也许有人会说，人活着就是要奋斗，就是要努力工作，但这并不意味着我们要做一个工作狂；相反，在努力工作的同时，我们依然要懂得享受每一天美好的生活。享受生活归根结底是一种心境。享受的关键在于寻找快乐的人生，而快乐并不在于拥有多少、获得多少，生活质量如何，而是在于怎样看待周围的人和事情，怎样让自己有一颗接纳一切快乐事物的心。

的确，我们越是想获得成功，越是焦虑。此时，克服的方法是让紧张情绪反过来帮你的忙。心理学家称其为“积极性重构”，意即以不同观点来看问题——从好处看，而不是从坏处看。当你对自己有信心，又具有表达自己感受的勇气时，你就能把自己的焦虑减轻，使之化为力量，从而坚强起来。例如，当你准备开口时，如果你感到紧张，你也可以向听众袒露自己的心态，这样，不但听众会被你的坦诚打动，你的紧张感也会得到排解。如果掩饰自己的感受，只会使气氛更紧张，并且使人看起来很虚伪。

因此，那些善于调控自己情绪和心理的人，都不会否认自己曾出现过紧张感，他们也建议我们允许自己紧张，这样，你反倒会放松很多。

小李是一个普通工人家的孩子，有两个姐姐，他是家中老小，也是唯一的男孩子，父母宽厚待人、严于律己的生活态度深深影响着子女。从小，小李就是个很懂事的孩子，无论是学习还是生活，他从来不让父母操心，大学毕业参加工作后，他努力工作，业绩突出。小李性格内向，平时，他也有意识地多与别人沟通，多与同事、朋友接触。

最近，公司要举办一个文化大赛，小李被大家推举出来进行一次演讲。

演讲比赛一个月以后进行，小李为这事很着急，但他告诉自己，一定不能紧张，如果紧张，就搞砸了，但越是这样想，离演讲比赛越近，他越是紧张。在不知如何是好时，小李鼓起勇气来求教公司的前辈。

“我觉得，可能是你太严谨了，对自己要求太严格。其实，面对全公司上千人的演讲，即便是我们这样经常站讲台的培训师，也会紧张，更何况是你呢？紧张没什么，不要害怕，如果你能允许自己紧张，也会能更自然。”

前辈的话似乎很有道理，小李全部都听进去了。按照前辈的指点，小李发现，自己的心的确平静了不少。当然，最后，小李以出色的表现完成了自己的演讲。

从小李的情况我们不难看出，小李之所以感到紧张，是因为他不断给自己加压，不允许自己紧张，这是一种苛求自己的态度。但事实上，你可以掌握自己努力的程度，却掌握不了最终成绩。无形之中，他给自己制造了遭受挫折的条件。

哲学家尼采也曾说："在日常工作中，若是能怀着轻快的心灵，工作便会顺利。创造性工作中也是如此，我们需要的是一颗自由飞翔的、不受束缚和不被绑架的心灵。"在尼采的观点里，"轻快的心灵"应该是一种凡事顺其自然、不刻意追求结果的平淡心境。

现实生活中，我们大多数的人都渴望人生的丰富多彩，不遗余力地追求理想目标的实现，但往往却事与愿违。而那些怀着轻快的心灵去工作和生活的人，却常常"无心插柳柳成荫"，收获意外的惊喜。

不允许自己在任何细节上有失误，让你焦虑不已

在工作中，相信我们不少人都被领导和上级告诫过，工作一定要认真、努力，这会使得你更加完美且不断进步。我们鼓励认真的态度，是为了让自己提升能力、完善自我，然而，我们发现，身处职场，一些人却对自己太过苛刻，无论做什么事，都要求自己做到百分之百，不允许犯一点小错，不允许生活有一点瑕疵，结果常常因为对自己太过苛求而搞得身心疲惫不堪，甚至出现焦虑症状。其实，无论什么事，都不可能完

美，凡事努力就好，无须尽善尽美。

在我们工作的周围，有这样一些人，他们对自己定位过高，在他们看来，没将事情做得完美，还不如不做。他们从不允许自己失败，一旦自己某次工作没做到位，他们便茶不思、饭不想，神情恍惚，其实这都是焦虑的表现。他们通常比那些执行力强的人少了些灵活性，一旦他们被坏情绪缠绕，他们便失去工作的动力和热情。

朱莉是一家贸易公司的主管，已经35岁的她每天忙得焦头烂额，就如她说的："连恋爱和结婚的时间都没有。"她所在的公司虽然不大，但每天需要处理的事情很多，最要命的是朱莉是一个什么事情都要管的人，大到公司的业务订单，小到快递的电话都要接。然而，即便如此，她还是觉得自己做得不到位。

一次，公司的一名国外客户前来商讨业务事宜，朱莉原本让小王去应酬，但想想还是自己亲自去，谁知朱莉完全不会喝酒，经不住客户的几句劝酒就醉了，然后说了些抱怨工作累、薪水低的话。

第二天清醒后，她懊恼不已，认为这样不仅有损于公司的形象，也可能会传到经理的耳朵里，因为当时小王也在场。为这事，她接连几天茶不思、饭不想、一天到晚迷迷糊糊，工作状态很糟糕。

这天下班，朱莉在电梯居然遇到了小王，窘迫难堪的她还是问候了下属："累吧，回家多休息。"

“没有主管累，那天多亏你，不然我肯定连家都回不了了。”

“那天你也喝醉了吗？”朱莉问。

“是啊……”朱莉这才明白，原来她所担心的事根本不存在。

案例中的朱莉就是个在工作中苛求自己的人，因为担心自己酒后失言给自己带来的后果而总是烦躁不安，甚至影响了工作，而事实证明，她的担心是多余的。

因此，工作中，如果你失败了，或者事情没有做到位的时候请原谅自己。因为再美的钻石也有瑕疵，再纯的黄金也有不足，世间的万物没有纯而又纯和完美无瑕的，同样，我们在做事的过程中，也不可能达到完美的境地。因此，我们有必要放下对于事物不切实际的要求，更不要苛求自己，以免陷入焦虑之中。

为什么升职加薪总和我无缘——升职焦虑症

当今社会，对于每一个奔波于职场的人来说，都希望升职加薪，都希望被提拔，员工希望被提拔为领导，领导希望成为更高阶层的领导。正是因为这种想法的存在，人们开始产生巨大的压力，也导致升职焦虑症的形成。而要减轻这种压力，从根本上说，要换一种想法。

升职焦虑症，是职场焦虑症之一，指因为面临升职所造成的压力。表现为不被认可没有升职从而苦恼，或者升职后反而觉得压力越来越大。对此，大家要学会自我调节，就算没有升职也没关系，要学会肯定自己。

我们发现，那些有升职焦虑症的人通常有这样的表现：一副对升职无所谓的样子，但是看到别人升迁，又心中感慨万千。另外，在人际关系上，他们却并不善于与人打交道，甚至还有一定程度的社交恐惧症，在公共环境下，总是采取回避行为，不愿与人交谈。这种病症不仅影响他们基本的社会交往功能，在极端情况下，日常的工作如与客户共进午餐、公司聚会等，都变成对他们的一种折磨。

其实，真正聪明的职场人不仅懂得努力工作、表现自己，还懂得为自己减压。为此，你需要告诉自己以下几点：

1.不要活在别人的眼光中

可能有人觉得没能升职，是件很丢面子的事，其实不然，我们每个人都忙于自己的工作，没有闲暇的时间过分关注你，因此，你没有必要将自己看成职场焦点。

2.知足常乐，即使不升职也有好处

能者多劳，我们发现，那些在职场一路绿灯的人，甚至到最高位置的人，他们很少有自己的时间享受生活，也很少有时间陪家人、孩子，而这就是升职带来的弊端。相反，那些对当下状态很满足的人，他们尽管没有在职场中取得突出的成就，但是家庭生活却十分幸福，有得就有失，这句话很有道理。因此，如果现在的你没有升职和加薪，也不必苦恼，就看你自己怎么看待。

3.依然爱岗敬业

这里有三方面的技巧要注意：

（1）工作中，要表现出自己对工作的敬业、毅力、恒心等。

（2）有效率地工作。努力工作的敬业精神值得提倡，但必须注意效率，注意工作方法，否则就是事倍功半。

（3）会表现，让领导看到你的努力。敬业也要能干会“道”，没必要做那种永远的幕后英雄。

4.善于服从和表现自己

下级服从领导本来就是天经地义的事情。这是个人职业素养的体现，更体现了我们对同事、领导的尊重，对单位和企业的认可，而更为重要的是，这是一种敬业精神的体现。

这里的善于服从，指的是：①随时听候领导差遣，鞍前马后。②努力完成好领导布置的每一项任务。③主动争取领导的安排。要知道，很多领导并不希望通过单纯的发号施令来推动下属开展工作。④主动请缨。当领导交代的任务确实有难度，其他同事畏手畏脚，而自己有一定把握时，应该勇于站出来，以此显示你的胆略、勇气和能力。⑤工作要有独立性。领导每天要处理很多事务，因此，每个领导都希望自己的下属能为自己排忧解难，帮自己处理一些工作中遇到的难题。下属工作有独立性才能让领导省心，领导才有可能委以重任。合适地提出独立的见解、做事能独当一面、善于把同事和领导忽略的事情承担下来也是一个好下属必备的能力。⑥要多多请示。聪明的下属，总是善于在关键的地方恰到好处地向领导请示，征求他的意见和看法，把领导的意志融入正专注的事情。这是下属表现自己虚心请教和学习的办法，也是下属做好工作的重要保证。这样既体现了自己对领导的重视，也体现了自己工作的严谨、细心。

5.不断学习，提升能力

当今社会，随着知识、技能的折旧越来越快，不断学习、不断更新知识已经成为职场人士保鲜的一个重要方面，是否能适应激烈的竞争环境并不断完善自己已经成为一个职场人士能否担当大任的重要考核因素。

因此，身处职场的你，也只有不断学习，才能成为领导眼中的有才之人。要知道，任何一个领导，都对那些愿意学习的人持良好的态度。也就是说，你不必一味地想去和领导搞关系，领导需要的是有工作能力的人，做好你的本职工作，不断完善自己，让所有人对你的工作都有最高的评价，领导也会对你赞赏有加，升职加薪也就不远了。

小周是某大型企业的一名员工。高考失利后，他失去了继续读大学的机会，18岁的他就进了现在的这家企业。因为学历的原因，他只能从事最简单的产品装配的工作，但他不甘心。于是，利用上班之余的时间，他拿起了书本，自学了很多与该产品有关的知识，并自考了一些其他课程。

转眼，小周已经工作5年了。这家企业每5年会举办一场大型的青年知识大奖赛，参加这次比赛的多半是一些高学历的人，但小周还是报名了。他的参赛作品是公司生产部门的机器流程改造图。公司高层一见到这幅图，就惊呆了，一个生产流水线上的工人怎么可能会制作出如此让人惊叹的图呢？于是，他们找来小周，就图纸进行了一番理论讨论，他的说明，让在座的领导们都瞠目结舌。“我看你的简历，你只不过是个高中毕业生啊，怎么会……”

“是这样的……”

听完小周的叙述，众领导一致表示：“单位的员工要都有你这样的学习精神，该有多好。”

很快，小周就收到通知，他被升为技术主管，负责他所提出的这一项目的改造工程。

在这则职场故事中，我们见证了一个普通员工的升迁过程。员工小周之所以会被领导赏识，在众人中脱颖而出，就在于他不断学习、不断完善自己的知识结构，充实了原本知识不足的的自己。

总的来说，身处职场，我们都希望升职加薪，但如果你与升职加薪无缘，也不必焦虑，认真工作，放宽心，相信好机遇总会到来。

第7章 压力过大，你有空忧虑是因为不够忙碌

随着社会的进步、生活和工作节奏的加快、竞争的日趋激烈，人们的压力逐渐加大。人们常常会因为压力而陷入焦虑之中，有的人为了孩子上学而焦虑，有的人为了工作不顺心而焦虑，有的人为了养老问题而焦虑，也有人因为知识而焦虑……各种各样的人都存在不同程度的焦虑，也苦于找不到解决的办法。其实，忙碌起来是治疗精神焦虑的最好办法。忙碌可以让我们集中注意力在一件事情上，缓解内心的焦虑，不让焦虑趁虚而入。

你有空忧虑，是因为不够忙碌

不得不承认，现代社会，紧张忙碌的工作和生活让很多人陷入忧虑之中，忧虑是失眠的诱发因素，很可能你正在寻找解除忧虑的方法。其实，你忽略了一点，让我们免除忧虑和失眠的最好方法，就是忙碌。

在现代心理学上，有个名词叫“职业性治疗”。概念很简单，就是把工作当成我们治病的良方，这已经不是什么新鲜的治疗方法了，早在耶稣诞生前的500年，在古希腊的医学中，就能找到可考的依据。在富兰克林时代，费城教会的教徒也使用这种方法。1774年，有位来访者在教会的疗养院看到，那些患有精神病的人正在忙着纺纱织布，这让他感到十分吃惊，他原以为这是教会在压榨病人，后来经过教会的人解释他才明白，原来那些病人只有在工作的时候病情才会有所好转，因为工作能让他们安心凝神。由此可见，忙碌起来是治疗精神病最好的“药物”。

曾经有个悲惨的人，命运接二连三地对他开起了玩笑，首先是大女儿在5岁那年离开了他，在失去大女儿后的10个月，他的小女儿又夭折了，这个小天使只活了5天。

这对于他的家庭来说，简直就是一次次的灭顶之灾，当时的他无法接受这样的事实，开始变得焦虑、吃不下饭、睡不着觉，也无法放松自己，甚至开始对生活绝望。

无奈，他在妻子的劝慰下开始寻求心理医生的帮助，医生给他两个建议：一个是吃安眠药，另一个则是去旅行。

后来，在谈到这件事时，他说："两个办法我都尝试了，但是没有一个对我有用。我感觉自己的身体被一把大钳子夹住了，而这把钳子越夹越紧，我快要窒息了。"他因为悲哀而感受到了巨大的压力。

"不过，我还应该感到庆幸，因为我还有个可爱的、4岁的儿子，他教会了我该怎样面对这一切。有一天下午，当我坐在客厅里发呆、止不住自己内心悲哀的情绪时，我的儿子轻轻地走过来对我说：'爸爸，我想要一条船，你愿不愿意为我造呢？'我哪里有什么心情造船，实际上，我做什么事情的心理准备都没有，但是我这个可爱的小家伙实在太难缠了，最后，我不得不答应他。"

一条船可不是那么好造的，他整整花费了三小时的时间，而当他结束这一工作后，他发现自己从未有过的轻松。

这给他很大的启发，他很快从过去的痛苦中清醒过来。"我开始第一次想很多事——这是这几个月以来第一次认认真真想某件事。我发现，如果你忙着去做一些需要我们规划和思想的事情的话，那么，也就没有时间再去忧虑了。对于我来说，造那条船的时候，我内心所有的忧虑都被击垮了，所以从那以后，我决定让自己忙碌起来。”

回家以后，他就好好想了一遍，他发现，自己还有很多事情需要处理，如去修理那些书架、楼梯、窗帘、水龙头等，于是他列了一张清单令人吃惊的是，他居然写了242件事。

随后，他花了两年时间，将清单中的事情做完。另外，他参加了一些活动：每个星期，他会腾出两个晚上的时间到纽约市参加成人教育班，并且还去参加镇上的一些活动。“现在，我有幸成为校董事会的主席，我每天要参加各种会议，还要协助红十字会和其他的机构进行慈善募捐活动。现在的我已经忙碌得再没有时间去忧虑了。”

的确，在现实生活中，大多数人在工作或忙碌时可以做到忘记自己，摆脱生活中的烦恼。不过一旦闲下来，或者下班后回到家里，那空闲的时间是难以打发的。本来这段时间是休闲的快乐时光，不过却让内心深处的忧虑乘虚而入，人们开始怀疑人生的意义，总在考虑自己应该怎么做、生活太过于枯燥、今天被上司批评了或者自己是不是身体出现问题了。

此时，你可以运用一个古老的治疗方法——忙起来。

那么，为什么让自己忙起来这么一件十分简单的事，就能把困扰我们的忧虑从头脑中清除出去呢？只要我们了解心理学上这样一个定律就明白了——一个人无论多么聪明，无论是谁，都不可能在同一时间想两件或更多的事。现在，我们不妨来做一个实验：假设你现在靠在椅子上，闭起双眼，你现在不妨同一时间内去想另外一件事——自由女神，或者想想明天早上起来去做什么事。

你会惊奇地发现，在同一时间内你只能想一件事，如果希望将它们都考虑在内，你只能按照顺序轮流地去想其中的一件事。其实，人的情绪也是如此。我们不可能在想到某件事而激动时又去想另外一件让你忧虑的事，也就是说，在同一时间内，一种感觉会被另外一种感觉排挤出去。这是一个简单的道理，但却很难被人发现。不过一些军方的心理治疗家却发现了这一点，能够在战时创造这一类的奇迹。

一些士兵在战场上败退下来后，就会患上一种“精神衰弱症”。军队医生都会建议他们采取“让自己忙碌起来”的治疗方法，顾名思义，就是让他们把除了睡觉以外的时间都安排满活动，如打球、钓鱼、种花、打猎以及跳舞等，也就是完全不给他们多余的时间去回忆和思索那些可怕的经历。

当我们空闲时，心境是近似于真空状态，一些原始的情绪，诸如忧虑、恐惧、厌恶、嫉妒、羡慕等就会占据心境的空间，从而打破内心的平静，本来的快乐、乐观情绪就会被驱赶出心境。所以，如果你想改掉自己忧虑的习惯，那必须坚持第一条规则：保持忙碌的生活，忧虑的你必须马上找事情做，否则你只能在绝望中挣扎，最终被忧虑吞噬。

挖掘压力的根源，缓解焦虑

随着社会竞争的日趋激烈，人们面临的压力越来越大，普遍感觉到生活不快乐，烦躁和痛苦。不堪背负的生活之重往往压得我们喘不过气来，因而在生活中，总能听到周围的人在不停地喊累，一些人甚至还出现了焦虑症状——身体疲惫。烦躁不安，但却找不到放松的方法，生活就是如此，我们无力改变，唯一能做的便是学会卸下身上的重担，从根上认识压力的来源，调整好心态，轻松面对未知的每一天。

和大多数女孩子一样，小琴读完了中学，读大学，毕业后参加工作，每天忙忙碌碌的生活让她过得非常充实。可是，突然有一天，她发现身边的女孩子不是在热恋中，就是已经为人母，而28岁的她依旧是一个人，顿时，她感觉压力倍增。更重要的是，父母每天唠叨，也让她很烦。

不是小琴没有人追，以前她总是觉得自己还小，不是谈婚论嫁的时候，所以从来没有认真考虑过。即使父母多次要求她的时候，她也总是淡然地说一句“我知道”而敷衍过去。而今比她小好几岁的女孩子都结婚了，环视四周，只有自己是一个人的时候，她觉得是该考虑这个问题了。

可是，恋爱婚姻这种事情是需要一定的缘分的。她也试着和身边的追求者接触，可是没有一个有那种特别喜欢的感觉。父母开始催促，朋友们也忙着介绍，可是见来见去，没有一个人能给她她所想要的那种生活，小琴烦恼不已，婚姻成为她的一个大包袱，她的失眠情况也越来越严重。

转眼一年又过去了，29岁的高龄让小琴有点不知所措。身边的亲戚朋友也会时不时询问，每每提及这个话题，小琴都感觉到痛苦不已。为此，她每天除了上下班之外，几乎很少外出，很少和朋友们聚会，连她最亲最爱的姥姥，她也很少去探望了。

但是，这并没有减轻小琴的痛苦，她经常整夜睡不着，她反复思考自己为什么不能和别人一样组建家庭。而在家里，妈妈总是在不停地唠叨，还时不时地逼着她跟这个王大妈的儿子相亲，跟那个张阿姨的侄子见面。似乎她是卖不出去的蔬菜，再不出售就要过了保质期一样。为此，她跟妈妈发生了很多次争吵。

小琴无助地质问自己："这到底是怎么了，难道长大有错吗？"现在的她痛苦不已，满脑子都是恋爱婚姻。下了班不敢回家，不敢见亲戚朋友，恨不得有个地洞钻进去。有时候，她想要是死了多好，一了百了。

故事中的小琴从刚开始的失眠到后来出现轻生想法，原因是大龄的她没找到适合的对象，倍感压力，同时，亲戚朋友的关怀在一定程度上增大了她的压力，再加上来自父母的催促，让她背负不住婚姻给予的压力。

事实上，现代社会，压力已经成为很多人焦虑的根本原因。我们只有学会调节自我，卸下压力，才能缓解焦虑症状。

那么，究竟如何才能做到呢？

1.要对自己有清晰的认识

生活中，很多人对自己的认识不清晰，总觉得自己了不起，因而对自己提出了很高的要求，结果自己的能力有限，往往达不到预先的效果，倍感压力。他们因此对自己很失望，很不快乐。不管做什么事情，都要对自己有个清晰的认识，不要对自己有过高的期望，这样你就不会为了让自己满意而背负过重的压力了。否则你只能在哀怨中对自己失去信心。

2.抱负和理想务必切合实际

小时候，我们谈到自己的理想，往往说得越离谱，越能表现你是个有前途的人。可是长大后，你才发现，很多事情并不是自己想的那么回事。因此，给自己订目标的时候，一定要切合实际，千万不要天马行空、好高骛远，否则，你给自己背负了过于沉重的压力，又怎么会开心起来？要知道你已经不是抱着理想的小孩子，而是要通过自己的抱负来实现自身价值的成年人了。

3.学会适当调整自己的心态

当你遭遇失败和挫折之后，一定要调整自己的心态，千万不要在欲望的驱使下，不择手段地去走你不应该走的路。这样，不但你不会快乐、不会开心，甚至还会把你自己逼疯。要适当地调整自己的心态，对失败和挫折要有清晰的认识，失败和挫折同时会激发你的斗志，千万不要因此而否定自己。你越消沉越对自己失望，你的压力会越大。

4.要适当向生活和自己妥协

尽管我们在祝愿别人的时候常常说“心想事成”，可是生活毕竟是生活，是不可能让你心想事成的。所以，对于我们来说，如果你心里想的事情根本就没有办法实现，那么不妨适当地向生活妥协，向自己妥协。这样，你少了很多压力，便会多了几分轻松和快乐。否则，和生活较劲，最终输掉的还是你自己。

生活本身是美好的，只是我们给予自己太多的纠结，仔细想一想，完全没有这个必要。让自己活得轻松一些不好吗？因而，如果你曾因压力大而焦虑，不妨了解压力的来源，学会卸下负担。

正视压力，并学会调适心情

毫无疑问，在一切都飞速发展的现代，几乎每个人都生活在重重压力之下。面对压力，很多人都避之不及，而压力来临时，他们会感到焦躁、疑虑甚至因为无法承受而一蹶不振。其实，我们未曾想到的是，我们每个人都是伴随压力成长的，因为压力教会我们承担责任。在成长的过程中，我们每天都在往自己的肩上增加砝码，我们希望自己能够承担起越来越多的责任，我们希望获得认可和成功。没有压力，就不懂得什么是责任；没有压力，人就容易变得轻浮。因此，我们每个人都要学会正视压力，认识到压力的正面作用。

有一位经验丰富的老船长，当他的货轮卸货后在浩瀚的大海上返航时，突然遭遇到可怕的风暴。水手们惊慌失措，老船长果断地命令水手们立刻打开货舱，往里面灌水。“船长是不是疯了，往船舱里灌水只会增加船的压力，使船下沉，这不是自寻死路吗？”一个年轻的水手嘟囔。

看着船长严肃的表情，水手们还是照做了。随着货舱里的水位越升越高，随着船一寸一寸地下沉，依旧猛烈的狂风巨浪对船的威胁却一点一点地减少，货轮渐渐平稳了。

船长望着松了一口气的水手们说：“百万吨的巨轮很少有被打翻的，被打翻的常常是根基轻的小船。船在负重的时候，是最安全的；空船时，则是最危险的。”

这就是人们常说的“压力效应”。对于那些整日得过且过，没有一点压力的人来说，看起来他们似乎非常轻松，十分惬意，但终究是经受不起风吹雨打的幼苗，是风暴中没有载货的船，往往一场人生的狂风巨浪便会把他们打翻在地。

我们在看清压力的积极作用的同时，也不应过分夸大它积极的一面。要正确认识压力，处理压力。

一次，一位讲师讲到课题——压力管理时，他拿出一个水杯，然后问下面的听众：“各位认为这杯水有多重？”

听到这样的问题，大家纷纷发表自己的看法，有的说20

克，有的说100克，有的说500克……

过了会儿，讲师才开口说："其实，我问这个问题，并不是要让大家了解这杯水的重量，这个问题并不重要，重要的是，这杯水你拿在手上可以拿多久，是一分钟，还是一小时，或者是一天？也许大部分人可以做到一小时、几小时，但如果是一天，也许就要叫救护车了。其实这杯水的重量是不会变的，但是你拿得越久，就觉得越沉重。"

听到讲师这番话，台下的人都有些纳闷，看到大家的反应，讲师向大家提出了一个问题："这与我们今天的压力管理主题有什么关系呢？"

台下的听众都陷入沉思，突然有一位听众站了起来，回答道："老师，我想这与压力管理有两个关系。一方面，就如同这杯水，刚才有的人说500克，也有的人说20克，面对相同的压力，不同的人的感受是不同的。这说明压力的大小，不完全取决于压力本身，同时也取决于我们心里有多么看重它。"讲师一边听一边点头，台下的其他听众也觉得很有道理。

这位听众顿了顿，然后继续说："另一方面，就是这水杯对我们身体造成的压力，就像我们承受压力一样，如果我们一直把压力放在身上，不管压力是大是小，我们都会觉得压力越来越沉重，以致最终无法承受。我们必须做的是，放下这杯水休息一下后再拿起这杯水，如此我们才能够拿得更久。"

在生活和工作中，很多貌似沉重的东西本身并不一定很重，而是因为我们把它看得太重。多数的烦恼是不值一提的。“生活不是苦难的修行”，面对诸多生活的压力，你要懂得管理压力，更要学会放下压力。生命是自己的，不要让过高的追求使自己喘不过气来。选择一个适合自己的目标，在赶路时看看风景，也许最美的风景不在顶峰。

生活如此艰难，何必再给自己压力

生活在现代化的社会，我们无论如何都避不开压力：学生时代，我们所承受的是各种考试的压力；工作时期，有着上司的要求、家人的期许、自己内心的苛求，等等，这些压力都是无法避免的。对此，心理学家把这些压力统称为“社会压力”。社会压力对于一个人来说，将直接转换成心理压力、思想负担，久而久之，就会成为心结。如果这种压力长久得不到有效释放，就会越积越多，并产生巨大的负面能量，最终，它就像一座火山一样爆发出来，导致的结果是，人们的情绪大变，总感觉自己活得太累，每天都不开心，脾气越来越坏，甚至，有严重者精神崩溃，做出傻事。对于外界的压力，我们需要调节，千万不要再给自己压力，这样只会是雪上加霜。

其实，外界并不存在太大的压力，而是我们自己给自己的压力太大，造成了一种负担，因为负担，导致我们生活在压力、痛苦、烦躁和苦闷之中，无法体会快乐和幸福。实际上，一个人若是背着负担走路，那么，再平坦的路也会让他身心疲惫，最终，他会因为不堪生活的压力而走向不归路。对于生活中的某些事情，不要给自己太大的压力，顺其自然，压力反而会小很多，而自己也会感到一种前所未有的轻松快乐。

小杰是一位年轻的汽车销售经理，他的前途充满了无限希望。但是，小杰是对自己要求很高的人，巨大的压力使得他感到异常绝望，他觉得自己就快要死了。甚至，他开始为自己挑选墓地，为自己的葬礼做好一切准备工作。其实，小杰的身体只是出了一点小问题，有时候会呼吸急促、心跳很快、喉咙梗塞。

在医院，医生给小杰做了全面检查，医生告诉小杰："你的症结是吸进了过多的氧气。"小杰先是一愣，然后大笑了起来："那真是太愚蠢了，我怎样应付这种情况呢？"医生说："当你感觉呼吸困难、心跳加速的时候，你可以向一个袋子呼气，或者暂时屏住气息。"医生递给小杰一个纸袋，小杰照办了，结果，他发现自己的心跳和呼吸都变得很正常，喉咙也不再梗塞了。当他离开诊所的时候，他已经变得容光焕发，原来这一切的症结都是因为内心的焦虑和恐惧，而这些情绪反应完全是因为自己给自己压力太大的结果。

可见，太大的压力常常会令人陷入长期的焦虑和恐惧中，这样一种消极心理会加重人们的焦虑感和恐惧感，严重者还会导致身体出现疾病。心理学家认为：适当的压力有助于我们激发斗志，但是，正如任何事情都有一定的度，压力过大就会影响到正常的情绪。所以，在生活中，我们要给自己适当的压力，只要不是太糟糕的事情，我们就应该学会忘记。这样一来，那些琐碎的小事就影响不到我们了。

为此，你需要做出这样一些调节：

1.学会释放压力

有的人总是喜欢把别人的压力放在自己身上，事事较真。例如，看到同事晋升了、朋友发财了，自己总会愤愤不平：为什么会这样呢？为什么就不是自己呢？其实，任何事情，只要自己尽力就行了，任何东西都是着急不来的，与其让自己无所谓地烦恼，不如以积极的心态来面对，努力调整情绪，释放内心的压力，让自己的生活更加丰富多彩。

2.不要给自己太大的压力

一位公司白领这样说："最近工作压力大，感觉自己越来越不快乐，脾气越来越大，老想发火，尤其是每天回家坐地铁，十分拥挤，每次都会与站在身边的人发生冲突，我也不想这样，但是，我就是快乐不起来。"虽然，工作压力很大，但是，我们还是有选择的，因为在更多的时候，真正的压力是我们自己给的。而压力就像是一个刽子手，它扼杀了我们一切快乐的因子。

对于生活中的某些事情，不要给自己太大的压力，如果内心积压了很多的压力，那就需要释放出来，因为很多时候，压力是自己给自己的。

生活中，无论是生存压力还是工作压力，对一个人的心态都是有着重要影响的。一旦压力来袭，情绪就会恶劣，容易生气、烦躁，似乎看什么事情都不顺眼，内心的情绪积压过久，总想痛快地发泄一番。因此，那些给自己压力越多的人，体会到的快乐越少。

化压力为动力，才能赶走焦虑

在一切都飞速发展的现代，几乎每个人都生活在重重压力之下。不管是职场精英、家庭主妇，还是成长期的孩子，纯粹的毫无负担的快乐已经不复存在，每个人都各司其职，肩负着生活的重任。这一切的一切，都是无穷无尽的压力。倘若我们觉得生活本就艰难，那么这些压力就会让我们变得非常痛苦，甚至感到喘不过气来。然而，无论我们以怎样的状态面对压力，都不能改变现状。

因此，与其痛苦地面对压力，不如积极主动地拥抱和改造压力。当你把压力转化为动力，你心中因为压力而起的焦虑也会随即烟消云散。相反，你甚至会觉得全身充满了力量，就像一架原本疲惫得即将散架的机器，在经历完全时间的充电和机油的润滑之后，满血复活一样。

确实，我们发现，越来越多的人在重压下陷入亚健康状态，不但神色萎靡，而且体力也大大不济。在这种情况下，我们必须首先保证自己有强壮的体魄和健康的状态，然后才能奋起作战，抵抗压力。在身体健康状况良好的情况下，我们才有余力保养自己脆弱的心灵。和肉体相比，心灵显得更加脆弱。虽然心灵依附于肉体存在，但却是支撑人们精神大厦的重要支柱。尤其是当人们的心中杂草丛生时，焦虑也就见缝插针、如影随形、挥之不去。由此可见，我们必须更好地面对生活中的重重压力，化压力为动力，才能赶走焦虑，还给自己清净明亮的天空。

小樱今年30岁，作为80后的末班车，她大学一毕业就留在上海，她的梦想就是在上海站住脚，所以她工作起来简直就是拼命三郎。在“程序猿”这一群体中，小樱作为女性，也不得不加班熬夜，对此，很多男同事都劝说小樱不要这么拼，毕竟是女孩子，将来找个有实力的男朋友就一切都解决了。然而小樱自己知道，她来自农村，父母至今依然在农村面朝黄土背朝天，因而她只能拼，不能指望任何人。

上个月，全公司都在全力加班，虽然上司念及小樱是女孩子，给了她特权早些下班休息，但是小樱不甘落后，和男同事们一样通宵编写程序。果不其然，没过多久，小樱就病倒了。这一病，让她元气大伤。

看到前来探望的同学抱怨她为何如此拼命，小樱的眼眶红了，说：“我家是农村的，父母都在受穷，砸锅卖铁才供我读完大学，我不拼又能怎样呢？”同学气急地说：“你呀，就是榆木疙瘩脑袋。你也不能让自己被压力压死吧，工作的目的是更好地生活，不是结束生活。要是你能把压力化成动力，每天都安排好工作和生活，满血复活，岂不是更好吗！你这样透支体力，只会导致事情更加糟糕。要是你父母知道，该多么心疼你呀！关键是这样并不能解决问题啊！”同学走后，小樱躺在床上思索很久，终于认清了问题的本质。是啊，她为什么不能把压力转化成动力呢！要是每天都充满力量地面对工作，一切不是会更好？！想通其中的道理后，小樱不再当拼命三郎了。她把力气匀称地使出来，对时间也进行合理安排，果然效率非但没有降低，反而大大提高。如今的小樱，不再觉得自己被压力压得喘不过气来，而是觉得生活中的每一天都充满了希望。

在这个事例中，小樱此前一味地记着压力，最终让自己轰然倒塌。经过同学的点拨，她才意识到这暂时的拼搏并不能解决根本问题，唯有调整好身体和心理的状态细水长流，才能让这一切更加长久可靠。不仅小樱需要如此，那些生活中时刻牢记压力片刻不敢休息的人，也应该进行如此深入理性的思考，为自己的人生找到合理长久的道路。

现代社会，几乎每个人都感受到巨大的压力。但是，当我们把压力挂在嘴边，非但于事无补，反而让我们身心俱疲。因而，我们必须合理分担压力，将其转化为持续的动力，最终才能实现自己的梦想，得到自己想要的生活。

很多时候，压力并非来自外界。外界的各种因素，实际上只是压力的诱因，压力产生的根本原因在于我们的内心。人们对于金钱名利等身外之物，总是难以取舍，犹豫不决。在这种情况下，压力应运而生。此外，陌生的环境也会对我们造成强大的压力，毕竟人是群居动物，习惯于在自己熟悉的环境中生活与工作。如果一个人适应能力很强，则在面临陌生的环境时压力就会小一些，反之则压力很大。

第8章 害怕失去，与其担心失去不如珍惜拥有

人的一生，会遇到成功，也会遇到失败，有一帆风顺的惬意，也有遭受挫折的沮丧；有不期而至的欣喜，也有排遣不去的惆怅，曲曲折折，是是非非，如何面对，关键是心态问题。适时调整好自己的心态，凡事平静看待，就能真正做到去留无意，享受最简单的幸福。

患得患失，只会错失诸多机会

我们知道，有得就有失，有失也有得，得与失是矛盾的统一体。在鱼和熊掌不可兼得时，你必须有取有舍。取就必须舍，舍了才能取。例如，要成功就必须放弃享乐；选择家庭的同时就得放弃单身生活的很多自由空间；选择内心平静的同时就得放弃对权力和金钱的角逐。 然而，在得失之间，一些人却不能平衡好心态，白白错失了最佳的机会。

有这样一个很有趣的故事：

在仙雾缭绕的山中，有一位仙子，她有伟大的神力，可以决定什么花开成什么颜色、什么样子。

有一朵蓓蕾，它非常美丽，很受仙子喜爱，仙子给了它优先选择颜色的特权。然而，令仙子失望的是，蓓蕾因为选择太多，一直拿不定主意。在花季过了之后，仙子在山谷中发现了它——一朵未及开放便枯死的蓓蕾，只是因为它选择太多却始终无法做出选择。

这朵蓓蕾为什么最终凋谢？就是因为它什么都想得到，最终错过了花期。其实，我们人类何尝不是重复着这样的悲剧呢？

的确，很多时候，我们遇到的选项都是非常具有诱惑力的，但却不能同时拥有。在选择时，我们往往会斤斤计较、患得患失、优柔寡断。由于在矛盾中停留太久，什么都想得到，最终却什么都没得到，这就是生活的辩证法。

不仅在选择时，一些人患得患失，在遭遇人生困境或磨难时，一些人也是如此，人们之所以患得患失，是因为恐惧。很多情况下，困难也是障碍，一旦逾越，就能帮助我们拔高人生的高度，让我们的人生在超越现状的基础上取得质的飞跃。遗憾的是，很多人都无法坦然接受这样的挑战，他们总是因为未知的未来而胆战心惊，恨不得一切都在自己的把握之中才能心安。也因为患得患失的心态，他们变得胆小甚微，根本不知道如何前进。对于这样的人生，必然因为犹豫不决错失更多的机会，人生也会变得糟糕。

可雷可是芝加哥地区搅拌机和一次性纸杯的供应商，他曾和麦当劳兄弟做过一次生意。

当时，麦当劳兄弟要向他购买大量的纸杯和8台搅拌机，这是一笔大订单。为此，可雷可决定去考察下麦当劳的生意，正如大家口耳相传的那样，麦当劳的生意确实很火爆。

回去后，可雷可产生了一个疯狂的想法：这是一个巨大的商机，为何不以出让自己公司一半股份的方式加盟麦当劳兄弟餐厅呢？当他把想法告诉亲人们后，他们觉得可雷可真是疯了。

但即使如此，可雷可心意已决，他知道一旦获得成功，自己的人生就将飞跃巅峰。

为此，他最终决定要和麦当劳兄弟合作，并且很快完成签约事宜。就这样，麦当劳的餐饮招牌成功树立了，很快成为餐饮界的主力军。

麦当劳餐饮在可雷可的带领下，从最初的几家小店，到1960年发展成为280家颇具规模的餐饮连锁企业。就这样，作为麦当劳第二代掌门人，可雷可成功成为当时世界上首屈一指的大富翁。

没有人知道何时是人生的关键时刻，我们唯一能做的，就是把握好眼前转瞬即逝的机会，毫不犹豫地抓住它，而不要眼睁睁地看着它从我们的眼前溜走。试想一下，假如可雷可在面对巨大商机时，瞻前顾后，最终选择放弃加盟麦当劳公司，那么他以后的人生一定不会如此。的确就是这样，很多时候改变我们人生轨迹的甚至不是那些重大的事件，而只是某个不起眼的时刻。在这种情况下，我们唯有抓住每一个机会，才能最大限度地改变命运。

一个成功的人，往往具备果敢决断的品质。细心的人会发现，大多数优柔寡断、瞻前顾后的人，很难抓住千载难逢的好机会，而且还会因为延误导致错失时机。我们需要知道，危机既代表着不可预知的未来，也代表着巨大的成功。每一个能够战胜危机抓住机遇的人，都能够成就属于自己的人生。很多人不相信人生有奇迹，这样的人永远也不可能创造人生的奇迹，因为他们不信。而只有心里揣着奇迹的人，才可能真的拥有人生的奇迹，因为奇迹就在他们的心中。

现代社会，已经不适合明哲保身的人生存。因为在信息大爆炸的现在，很多机遇就隐藏在纷繁芜杂的信息之中。有些人不管遇到什么事情都事不关己高高挂起，殊不知，机遇随时都有可能到来。如果你没有做好准备，机遇又怎么会青睐你呢！聪明的人知道，与其把时间用于抱怨，不如多多尝试。获得成功的唯一途径，就是勇往直前，全力以赴。

丰富内在，给自己充足的安全感

你是否曾经每天都愁眉苦脸，看起来就像是个受气的小媳妇，让看到你的人也突然间心情失落，变得同样笑不出来？你是否曾经觉得自己的心情低沉得就像是夏日里雷雨降临前厚厚的乌云低垂在天边，仿佛能拧出水来？你是否曾经不管遇到多么高兴的事情，都以一声叹息作为总结，因为你不知道那些事情真的值得高兴吗？如果你有如上种种经历，那就说明你是一个郁郁寡欢、焦虑不安的人。因为缺乏安全感，因为对未来没有把握，你从不敢放肆地笑，更不敢充满底气地说话、承诺，放出豪言壮语。如何才能改变这样的状况呢？不管你是花季少女还是垂垂老者，你都应该有明媚的心情。唯有如此，我们才不辜负生命的可贵，才能尽享生命的馈赠。然而，安全感是自己给自己的，我们任何人，都只有丰富内在，获得强大的内心，才能给自己充足的安全感。

玲玲从小就是个自卑的女孩。原来，她有一个酗酒的父亲，总是喝得醉醺醺的，不是打妈妈，就是骂她，这让玲玲觉得自己怎么也不如别人。因而，她虽然从小学开始学习成绩就在班级里名列前茅，但是她从未有过真正的自信和快乐。

这样的情绪，跟随玲玲直到大学毕业开始工作。因为大学毕业生越来越多，玲玲没有找到与专业对口的工作，而是从事二手房销售工作。这个行业无疑需要乐观开朗、积极自信的性格，还需要有好口才。这几条，玲玲一条都不占，但是她缺钱。无疑，和很多安逸舒适的工作相比，销售工作能帮助她在短时间内挣到更多的钱，积累资金。为此，玲玲硬着头皮开始工作。刚开始的时候，不管是同事还是买房的客户，都觉得玲玲太忧郁了。然而，玲玲这么多年都是这么过来的，所以她一时之间也不知道如何改变。一个偶然的机会，玲玲读到一篇文章，上面说要提醒自己保持微笑，要提醒自己变得自信，要提醒自己你是最棒的。因而，玲玲按照书上的方法，在租住的小屋每一个角落都贴满了提示语。例如，她在镜子上贴上“微笑度过每一天”。果然，在看到这句话的时候，原本从起床开始就眉头紧锁的玲玲情不自禁地笑了一下。看着镜子中微笑的自己，她莫名其妙地心情好转，居然觉得室外阳光明媚。再如，她在漱口杯上贴着“你是最棒的！”。果然，她虽然很怀疑这句话的真实性，但是的确腰杆挺得更直了一些。她还在门上、床头贴满了形形色色的提示语，诸如“你的微笑最美丽”“你是最优秀的女孩”“笑一笑，十年少”“你的笑容有征服人心的魔力”等。每当看到这些提示语，她都会情不自禁地微笑，而且在心中默念那些自我鼓励的话。玲玲非常认真地照着书本的指示去做，一个月之后，奇迹出现了。她渐渐变得爱说爱笑，也充满自信，不再是那个内向害羞的女孩了。就这样，在大家，包括她自己都觉得自己不适合这份工作的情况下，她居然把工作做得风生水起。如今的玲玲，每天都抓住机会对着镜子里的自己微笑，或者是清晨起床对镜梳妆，或者是在办公桌上对着镜子整理乱发，或者哪怕是经过一扇反光很好的玻璃门……玲玲从镜子中微笑的自己身上得到了伟大的力量。

如果你也像玲玲一样曾经郁郁寡欢，曾经自卑自怜，那么从现在开始，不妨也多为自己准备几面镜子吧。当你越来越多地对着镜子里的自己微笑，你也就获得了无穷无尽的力量，自然也就能够改变人生，让自己变得勇敢豁达，充满自信。

那么，如何有效丰富内在，给自己安全感，同时提升自己的内在涵养呢？

1.多读书

书籍，可以使人增长知识和智慧，使生活充满阳光，同时，使人变得有思想。通过阅读有益的书籍，能净化人的灵魂。所以，喜欢读书、善于学习的人看起来是与众不同的，那种内涵是备受他人的欣赏与尊重的。

2.学“宰相”，肚里能撑船

一个人要练就大的度量，即使生气也要懂得一笑而过，若是揪住一些小事情就斤斤计较，别人只会觉得你不是一个有涵养的人，甚至，就连你的教养也会丢掉。而且，有了宽阔的胸怀，才会有闲情逸致去把弄自己那些高雅的情趣和爱好。

3.学会肯定自己，勇敢地把不足变为勤奋的动力

学习、劳动时都要全身心投入争取最满意的结果。无论结果如何，都要看到自己努力的一面。如果改变方法也不能很好地完成工作，说明或是技术不熟，或是还需完善其中某方面的学习。你的扎实学习最终会让你成功的。

总之，当你的内心足够强大，你不但会变得美丽，而且还会变得信心满满。

既已失去，就别再纠结

生活中，人们总是习惯于得到而害怕失去，虽然有得必有失的道理是人人皆知的，但是每当自己失去了某些东西，总要难受，甚至是痛苦一阵子。月亮也会有圆缺，但依然皎洁，人生即使有缺憾，依然很美丽。其实，学会放手，说不定你能获得整个世界。既然我们降生在这个世界，又何必计较命运的不公、生活的失落呢？老子说：“福兮，祸之所伏。祸兮，福

之所倚。”得到并不一定是好事，是福气；失去也不一定是坏事，是祸患。从不同的时间、不同的侧面看过去，得失又会不一样，为什么要为不确定的事耿耿于怀呢?

再者，此时看起来是“得到”，彼时也许正是“失去”，人生中的起起落落、沉沉浮浮谁又能够说得清呢？守株待兔的农夫，得到了一只野兔，却失去了一颗平常心，于是荒废了庄稼和劳动，最终一无所得，把所有东西都失去了。而现实中又有多少人因为得到了一个小小的职位，而失去了奋斗的热情，最终沦为平凡的小人物呢?

现实生活中，我们需要正确看待得失，我们应该相信，现在我们所拥有的，不管是顺境、逆境，都是对我们最好的安排。只有这样，我们才能在顺境中感恩，在逆境中依旧心存快乐。对于那些失去的东西，不要为此郁郁寡欢，人生总会失去什么，也会得到什么，得失是一种规律，别再纠结失去的，别较真，放手吧，这样我们就可以获得整个世界。

一个快乐的乞丐，整天乐呵呵地去乞讨。这份快乐感染了一个富翁，于是这个富翁在他落脚的地方放了90美元作为给他的奖赏。可是因为有了这90美元，乞丐开始不快乐了，他开始想着怎样把它藏在一个安全的地方；终于找到一个似乎安全的地方，他又绞尽脑汁地想着把90美元变成100美元。于是他一美分一美分地开始乞讨，因为他乞讨的是钱，而且哭丧的脸让所有人都躲远他，最后当这个乞丐饥寒交迫地躺在落脚地快要死了时，富翁遇到了他，问他为什么会这样。这个乞丐希望好心的富翁再给他1美元，把钱变成100美元。后来，富翁遇到了一位哲人，将此事告诉了哲人。“那么，你满足他了吗？”“当然，先生。”“你不应该给他那1美元，还应该把上次给的都要回来，这样他还有救。”

因为得到了财富而失去了平常心，因为取得了成就而忘记继续努力，最终失败的人这世界上有多少呢？所以这一刻的所得并不一定就是好事，不一定能够成就你；相反，这一刻的所失也不一定就是祸事，不一定会把你带入失败的深渊。所以实在没有必要太在乎一城一池、一时一刻的得失，人生毕竟还长远着呢！

只要能够知足，管他失去多少、得到多少。你能够用的也只有那么多，失去多少，你能够用的还是那么多。既然如此，只要能够满足自己的生活所需，能够维持生命的快乐，又何必计较那么多呢？知足的人，无论是有一缸米还是一碗米都会感到快乐，因为他们此时不用挨饿；不知足的人即使拥有无数的财富，还是会感到痛苦，因为总有剩余财富在他的仓库之外。生而为人，不能够快乐，不能幸福，不能感到自在，拥有再多财富又怎样？

正确认识得与失，我们需要明白如下几点。

1.为失去而较真，无疑自寻烦恼

我们总是生活在得失之间，当一个人处心积虑得到什么的时候，同时也无可奈何地失去了什么。因为鱼和熊掌是不可兼得的，我们所需要的就是这种“得不是喜，失不是忧”的情怀，如果我们能明白生命的可贵，那就会明白人生最美的是奋斗的过程，为失去而较真，只不过是自寻烦恼。

2.不为失去而烦恼，抓住眼前的一切

泰戈尔曾说：“曾错过太阳，但我不哭泣，因为那样我将错过星星和月亮。失去了太阳，可以欣赏满天的繁星；失去了绿色，得到了丰硕的金秋；失去了青春岁月，我们走进了成熟的人生。”失去的不能再得到，过去的不能再回来，不如趁机会抓住眼前的一切，珍惜现在所拥有的，说不定我们能收获整个世界。

佛说：“若能一切随他去，便是世间自在人。”执着的东西太多，太在乎得失，免不了许多烦恼，在乎得越多，烦恼也就越多。知足常乐，不因一时之得而喜形于色，也不因一时之失而痛苦自责，这才是人生的大自在，才能无喜无愧、怡然自得，这样的人生才能得到最多的幸福和自由。

为失去而痛苦，不如为新的开始而努力

生活中，我们对于有些事物往往是等到失去时才觉得弥足珍惜，从而觉得遗憾，遗憾是因为失去的东西对自己很重

要，那是自己努力争取过的，越是觉得惋惜越是说明东西的重要性。不过，遗憾也是无济于事的，因为世事难料，所谓“塞翁失马，焉知非福”，对于那些争取过的东西，我们不应该害怕失去。当然，失去意味着结束，对已成定局的事情做无谓的挽留或争取，那不过是在浪费自己的时间和精力，这是很愚蠢的，也是没有任何意义的。如果失去了，就应该让这件事告一段落，而不是处处较真，总是纠结在失去的痛苦之中。在失去之后，我们应该及时调整自己的心态，及时总结，吸取教训，以免在以后的生活中类似的问题再次出现，从而使自己得到成长。

我们的老祖宗留下来一句老话：“旧的不去，新的不来。”这是很有道理的，正因为失去了，我们才会去努力，使自己重新拥有更好的，这样社会才会进步。对我们而言，有些东西在冥冥之中是注定的，是你的终究是你的，不是你的就算你得到了还是会离你而去，只要我们努力过、争取过，那就不要后悔。因此，一旦失去了就不要较真，不要强求，凡事随缘，这样自己也就不会太累。

在高速行驶的火车上，一个老人不小心把刚买的新鞋从窗口掉出去一只。

周围的人倍感惋惜，不料那老人立即把第二只鞋也从窗口扔了下去。

老人的想法是：这一只鞋无论多么昂贵，对自己而言都没有用了，如果有谁能捡到一双鞋子，说不定他还能穿呢！

“与其抱残守缺，不如就地放弃。”很多时候，事物的价值并不在于谁占有，而在于如何占有。对于世界万事万物而言，一切都是暂时的，一切都会消逝，让暂时的失去变得可爱。最后你会发现，失去并不一定是损失，也可能是一种获得。

在人生的道路上，有着太多的得，也有太多的失，许多人一直都在计较得与失，所以，每一天都在抱怨、懊悔中度过，在他们的漫漫人生之中，没有哪一天是真正的快乐。无声的年华岁月将我们带走，看尽了繁华落尽，我们才会感叹：这一路走来，自己竟然忽视了那么多的美好风景，以前只是拼了命地计较得失，到现在已经没有什么可失去的了，但也从来没有得到过什么。其实，面对失去，只要我们学会转变思维角度，你就会发现这其实是一种获得。

所以，面对昨天的失去，我们每个人都要懂得割断过去的绳索，从而拥有一片宽广的未来。“踏上新的路途”并不只是一句话，而是一种行动，当你把懊悔的眼泪拭去，新的路就展开在你面前，当你斩断纠结的往事，就有了向前的勇气。至于向哪个方向走，怎样坚持着走下去，则是接下来的问题。

现在就清理一下你脑中的想法，想一想自己想要一个什么样的人生，为了这样的人生，自己能够付出什么？需要多少时间？得到的一切是否能够让自己更加满足？是否能够让自己有成就感？是否能够让自己更幸福？那是自己真心想要的吗？想清楚了自己到底想要什么，再努力起来才更有方向感，路径也更清晰。

放眼未来的东西，才可能得到更美好的未来，执着于未来有希望的东西，才能让自己充满希望、追求和热情。痴缠于已经逝去的，对着既成的事实后悔，对于未来毫无好处，也许唯一的好处就是吸取过去的惨痛教训，从中得到经验。

现在就踏上新的路途，创造一种新的生活方式，找一种新的活法吧，同时创造一片新的前途。为此，你要明白以下两点：

1.失去意味着过去

不论失去的对我们是多么的重要，那都是已经失去的，过去已经成为历史，而这些都是无法更改的。有些事物失去并不可怕，可怕的是人失去自我、失去信心。当我们面临失去、困难、挫折的时候，我们要相信阳光总在风雨之后。人生会面临无数次的取舍，请不要害怕失去，只要我们把握现在、着眼未来，只要心中怀着希望，那明天就一定会更好。

2.不要为失去而较真

当我们总为失去较真的时候，那是因为我们舍不得失去，我们总在为失去而后悔、惋惜、痛苦，但即便是这样，又能怎么样呢？难道后悔和惋惜可以让我们重新获得那些失去的东西吗？当然不能，因此，与其为失去而痛苦，不如为新的开始而努力。

总之，我们要记住，向前看，才有未来，踏上新的旅程，才有新的生活。人的生活不是一条路，永远通向一个方向；而是一片领域，当你决定踏上新的路时，你的眼前会越来越宽阔，你的领域会越来越广。

得失不计较，失去也可能是获得

哲人说：“错过花，你将收获雨。”在人生的道路上，失去某种东西对于我们来说可能是一种遗憾，然而，这却是对人生的另一种体验，这样想来，失去何尝不是一种获得呢？学会选择，懂得在失去中寻找，在失去中体验，在失去中获得，这样，会让我们的内心更加丰富和充实，难道这不是一种收获吗？即使是同样的选择，有的人会觉得这是一种失去，而有的人则会觉得这就是一种收获。之所以产生这样的差别，是因为我们的思考有所不同。

每年的七八月份，北极地区就开始冰雪消融，好似春天一般，十分有魅力。

但是此时，蚊虫也开始出现，为了在物资贫乏的北极生存，这些蚊虫会飞到人群居住区吸食人们的血液。

通常来说，被蚊虫叮咬，我们的第一反应是拍打或者喷杀虫剂，但北极地区的人的做法却令很多外来游客不理解——他们却对这些嗡嗡乱叫的蚊虫十分仁慈，从来不轻易伤害它们。有的游客拿出杀虫剂喷洒，还会被当地居民制止。这是为什么呢?

原来，在北极地区，人们的主要肉质来源是一种叫驯鹿的动物，但是天气回暖的时候，很多驯鹿就会自发成群结队地向低纬度地区迁移，因为那里有大量的水草，如果没有人驱赶它们，它们就不愿意在严寒到来的时候准时回来。

在北极地区，如果靠人力来驱赶，这根本是不可能的事情。这时候，那些讨人厌的蚊虫就开始发挥作用了，天气开始降温，蚊虫就会飞到低纬度地区逃命，自然会与驯鹿不期而遇。那些吸食血液的蚊虫是驯鹿无法抵御的天敌，而那边的气候还不适宜生存，所以那些驯鹿走投无路之下只能往回走。这一下，正好钻进了人们事先设计好的陷阱里。

聪明的因纽特人掌握了自然界物物相克的规律，所以甘愿忍受蚊虫吸食的痛苦，来求得长远的利益。在他们看来，眼前的得失并不需要挂在心上，那些长远的考虑才是智慧者的生存之道。所以，在那些被蚊虫叮咬的痛苦日子里，因纽特人并没有过多的埋怨，而是保持着一份乐观豁达的胸怀，因为他们知道有了蚊虫的存在，这个冬天就不用愁食物了。

看尽了繁华落尽，我们才会感叹：这一路走来，自己竟然忽视了那么多的美好风景，以前只是拼了命地计较得失，到现在已经没有什么可失去的了，但也从来没有得到过什么。其实，面对失去，只要我们学会转变思维角度，你就会发现这其实是一种获得。

美孚公司甘愿吃亏，不惜赔出去80多万盏煤油灯，这在消费者眼里却是“打着灯笼找不着的好事”，于是纷纷购买煤油，谁知，他们却给美孚公司做了一个活广告，这就是典型的“小失换大得”。也因为这样，美孚公司放弃了眼前的利益而获得了长远的利益，小利变大利，利滚利，利翻利，先前看似赔本的“油灯”，最终却收获了高额的利润。这是一种商业中的计谋，也是每一个人需要的智慧。

对于失去，我们需要明白的有以下两点。

1.有些失去是必然的

在人生的路途中，有得有失，失去是为了更好地获得。这样想来，有些失去是必然的，这是不可避免的。当我们总想着获得的时候，必然会失去一些东西，然后才能获得一些新的东西。如果我们紧紧地抓住手里的东西，不想失去，那我们就没办法获得新的东西。

2.失去是为了更好地获得

如果我们失去了某些东西，比如心爱的人、稳定的工作等，那些我们觉得难以割舍的东西，最终还是离我们远去了。这时不要较真，处处较真只会让自己更加心烦。我们需要做的就是从容面对，只有失去了，我们才能寻找更多新的可能，从而获得一些新的东西。

第9章 恐惧未知，你所担心的80%都不会发生

在人生旅途中，一些人为明天而焦虑，他们担心明天的生活、明天的工作，但实际上，这只不过是杞人忧天，我们谁也无法预料明天，我们所能掌控的只有当下。并且，心理学家告诉我们，我们每天所担心的问题其实80%都不会发生，因此，我们还是停下无谓的担忧吧，将所有精力投入当下的生活中，认真活好每一个今天，才会让你免除忧虑、幸福且踏实。

杞人忧天者到底忧从何来

人生之所以充满吸引力，就是因为它的未知。既然如此，对于还未发生的事情，我们又何必认真地焦虑呢！尤其是一些不值一提的小事情，它们就是自身，而不代表任何意味和征兆，因此我们完全无须神经过度紧张。虽然人们常说不怕一万就怕万一，但是万一在没有成为真正发生的事情之前，其实对人是无法构成任何伤害的。因而，聪明人只会以此为警示做出心理准备，却不会为了这些模糊的未来而焦虑不安。

人们常说要为明天做准备，或者机会总是留给有准备的人，实际上，每个今天都是完全独立的一天，因为没有人知道明天到底会不会来，也不知道明天会以怎样的姿态突然降临我们的生活。既然如此，每个人都应该认真活好每一个今天。任何情况下，一味空虚地思考于事无补，只有切实地展开行动才能最大限度改变现状。

杞国有个人担忧天会塌、地会陷，自己无处存身，整天睡不好觉，吃不下饭。另外又有个人为这个杞国人的忧愁而忧愁，就去开导他，说："天不过是积聚的气体罢了，没有哪个地方会没有空气。你的一举一动、一呼一吸，整天都在天空里活动，怎么还担心天会塌下来呢？"那个人说："天果真是气体，那日月星辰不就会掉下来吗？”开导他的人说：“日月星辰也是空气中发光的东西，即使掉下来，也不会伤害什么。”那个人又说：“如果地陷下去怎么办？”开导他的人说：“地不过是堆积的土块罢了，填满了四处，没有什么地方是没有土块的，你站立行走，整天都在地上活动，怎么还担心会陷下去呢？”

这个人一解释，那个杞国人放下心来，很高兴；开导他的人也放了心，很高兴。

这就是杞人忧天的故事，这个故事常比喻不必要的或缺乏根据的忧虑和担心。可能你会觉得故事中的这个人很可笑，然而，我们生活中同样有这样自寻烦恼的人。

生活中的你，可能现在担心很多问题。例如，如何才能让领导和同事喜欢你，如何以最快的速度晋升，甚至还会担心以后的婚姻问题等，但你需要记住的一点是，把握当下、专注于手头工作。要想提高工作效率，就要让自己的心安宁下来。“世界上怕就怕认真二字”，说的就是如果我们能安下心来认真做一件事情，就没有做不好的。

赵小姐今年25岁，她最近给心理医生寄去了咨询信，信中说她近来看到一些不好的事或现象，心里就会产生一些不好的联想。例如看到有的妇女不孕，就担心自己如果和她们在一起，也会跟着患不孕症。有时候爱人出差了，她就会担心他在路上出车祸。赵小姐说，自己明明知道这些想法是杞人忧天，也总是想找一些办法来排除，但就是解决不了。

这种自寻烦恼的现象，就是“现代焦虑症”。那么，杞人忧天者到底忧从何来呢?

现在生活条件改善，人们不再为吃穿发愁，一旦社会适应能力减退，加上受到挫折，就容易诱发焦虑症。焦虑症有三个症状，即情绪焦虑、植物神经功能失调和运动不安。焦虑症有急性和慢性两种：急性焦虑症起病突然，患者感到有一种说不出的紧张和恐惧及难以忍受的不适感觉。即使坐着，也手脚不停，双眉紧锁，焦虑不安。慢性焦虑症起病缓慢，病程持久，焦虑程度时有波动。注意力难以集中，患者对任何事情均丧失兴趣，对自身健康状况忧虑重重。由于对身体的不舒服过于敏感，因此产生疑病症状，总以为自己得了疑难杂症或不治之症，纠缠不休地对医生讲述病情。

慢性焦虑症患者的植物神经系统症状表现在胃肠道方面，可能有胃区发烧、打嗝、腹胀、腹泻等。焦虑症患者大多易紧张、焦虑，过高估计困难，十分注意体内轻微不适，遇挫折易过分自责。若遇到一些精神因素，便容易发生焦虑症，更年期的人激素水平降低，更容易罹患此症。患病后应尽早找心理医生诊治。

对于赵小姐，心理医生建议她不要企图强行自己排除头脑中的这些“想法”。当然，这种情况也不是重症精神病，而是一种神经症，只要减轻心理负担，经过治疗都能得到改善。

你担心的问题，80%都不会发生

生活中的你，不知道可曾为这些事担心：坐火车，万一火车出事怎么办？你是一名水果行批发老板，万一我批发的水果滚得到处都是怎么办？万一我的运输车正好经过一座桥，但是这座桥突然塌了怎么办？当然，这些水果都是上过保险的，可是万一没有准时把这些水果送到的话，那么，我就会失去一笔生意，你为以上这些问题而担忧，所以担忧自己是不是得了绝症……

然而，你计算过概率吗？你坐火车，火车出过事吗？应该没有吧。你装运水果的车，翻过几次？桥塌过吗？大概也没有吧。那你又何必为此而担忧，甚至有可能患上绝症呢？这不是太愚蠢了吗？

的确，对于那些爱担忧的人来说，似乎“万一”就是他们的口头禅，其实，那些我们担心的问题，80%都不会发生。如果我们用平均法则来定夺我们到底该不该为那些事忧虑，我们会发现80%的忧虑都是多余的，也就是完全可以消除的。

在军队中，将领们常常用这种计算概率的方法来鼓励士兵们的勇气。有个叫克莱德·马斯的士兵讲述了他的一个故事：

那时候，我和我的伙伴被派遣到一艘游轮上，我们都担忧不已，因为这艘游轮所运输的都是高辛烷汽油，我们都认为，要是被敌军的军舰勘测到我们，并用鱼雷将我们击中的话，那么，我们所有人都会立即丧命。

可是美国海军确实有鼓舞士气的方法。海军总部发布了一些十分精确的数字，他们指出，假如敌军用鱼雷击中100艘游轮的话，不会沉下去的有60艘，有40艘真的会沉下去，并且，在这40艘里，也只有5艘会在不到5分钟的时间内沉没，也就是说，即使你被击沉的话，你也完全有时间从游轮上跳出来。你死在游轮上的概率实在非常小。

那么，这些士兵真的受到鼓舞了吗？克莱德·马斯说：“在我们听到这些数字后，我们内心的担忧小多了，船上的其他士兵也和我一样，因为我们知道我们有的是机会，根据统计数字来看，我们应该不会死在船上。”

其实生活中的每个人都应该如此，在你被忧虑摧毁以前，要先改掉忧虑的习惯。

如果你为某件事而担忧的话，那么，你不妨计算一下事情发生的概率，然后再问问自己，你所忧虑的事情，真的会发生吗？

戴尔·卡耐基也曾提及他童年时的一件趣事：

他的童年是在密苏里州的农场长大的。有一天，他在帮母亲摘草莓的时候，突然号啕大哭起来，母亲问他：“戴尔，你怎么了，为什么要哭呢？”他抽泣着回答道：“因为我怕自己被活埋。”

卡耐基说，当时自己幼小的心里充满了恐惧和忧虑。雷电交加的夜晚，他担心会被雷劈死；生活情况不好的时候，他担心食物不够；还有，他担心自己在死后会进地狱；他担心有一个比他大的叫山姆·怀特的男孩会真的像他说的那样割掉他的两只大耳朵；他担心女孩子们会在他脱帽向她们致敬时取笑他；他怕在他长大成人的时候没有一个女孩子愿意嫁给他；他还为自己和未来的太太结婚之后第一句话该说什么而担心……甚至在耕地时，他也会花几小时的时间去思考这些问题。

然而，时间慢慢过去了，他也在一年年地长大。他发现，那些原本他担心的问题，99%都没有发生。例如，后来他知道，原来一个人被闪电击中的概率只有三十五万分之一。

看完卡耐基的经历，可能我们也会笑话当年的自己，或许我们也曾有过类似荒唐的想法。一个人怎么会被活埋？即便是发明木乃伊以前的那个更古老的时代，一个人被活埋的概率也只有千万分之一。

据说，人得癌症的概率有八分之一，也就是说，每8个人中，可能有一个人会死于癌症，如果你非要为什么而担忧的话，那至少你该为以后可能得癌症而犯愁，而不应该为被闪电打死或者被活埋这样荒谬的事担心。

事实上，前面我们说的担忧都来自一个孩子。然而，现实生活中的成年人，不也是一样为那些荒谬的事忧愁吗？

活在今天，别为明天烦恼

有一个年轻人，他总觉得自己好像生病了。于是，他就去图书馆借了一本医学手册，想看看自己到底得了什么病，他先看了癌症的介绍，突然，他意识到自己患癌症已经好几个月了，顿时，他被吓住了。后来，他想知道自己还患了什么病，就读完了整本医学手册，一下子明白了，除了膝盖积水症以外，自己身上什么病都有。当他走出图书馆的时候，完全变成了一个全身都有病的老头。

年轻人决定去找医生。见到了医生，他说："医生，我不给你讲我有哪些病，只说我没有什么病，看来，我已经活不长久了，除了没患膝盖积水症，其余什么病我都有。"医生给他做了诊断，然后开了一张处方。年轻人顾不得看，就马上塞进口袋，立即跑去药店。到了那里，年轻人匆匆把处方递给药剂师，谁知，药剂师看了一眼，就退给他说："这是药店，不是食品店，也不是饭店。"年轻人惊讶地接过处方一看，上面写着：煎牛排一份，啤酒一瓶，6个小时一次；10千米的路程，每天早上走一次。年轻人照做了，最后，他一直健康地活到了现在。

对未来担忧太多，以至于年轻人怀疑自己生病了，结果，经过医生诊断，他什么病都没有，有的只是心病。现代社会，人们越来越焦虑，他们的内心隐藏着一种未知的恐惧，担忧自己的生存状况、担忧明天。

的确，人们常说"防患于未然"，但是，如果一个人对未来过度焦虑和担忧，时间久了，就会变成一种心理负担，整个人都被笼罩在消极情绪之下。这样一来，极有可能导致的结果是，以后的每一天我们都将生活在忧虑之中，阳光照射不进我们的生活。对未来生活的焦虑和恐惧成为现代人普遍的一种心理，即使人们当下的生活过得很不错，他们也会不由自主地担心未来的生活，总是没完没了地考虑明天会怎么样。因此，为了有效控制自己的情绪，不要总是没完没了地考虑明天，不妨尽心做好当下的自己吧！因为明天的烦恼，今天是没办法解决的。

有一位成功人士毫不忌讳自己的焦虑："现在我的公司刚刚上市，一切都在起步阶段，许多人恭贺我的成功。但是我却感到忧心忡忡，未来的种种困难在某个阶段等着我。同时，每天外出应酬，常常喝酒，自己的身体每况愈下，对于明天，我真的十分焦虑，害怕它的到来，更害怕随之而来的无限的挫折和挑战。"其实，即使再焦虑，我们也不能改变未知的明天，不妨调整好自己的情绪，以坦然的心境来面对今天，尽心尽力做好自己，不要去过多地考虑明天的烦恼。

因此，我们每个人都要明白，很多忧虑都是明天才会发生的事，现下的你只有摆脱这些恐惧和焦虑，才能以最好的状态迎接明天。

我们该如何面对死亡

美国本土第一位哲学家和心理学家威廉·詹姆斯有这样一句名言："对于生命持一种无忧无虑的淡泊态度，将抵偿他自身的一切缺点。”的确，生命的过程不可能重新来过，因此，我们必须珍惜这仅有一次的生命。但生老病死本身就是生命的常态，我们不必焦虑，而应该以放松的心态面对。

不得不说，对于死亡这一问题，我们都未曾真正面对过。有些人会问，什么叫死亡？死亡是什么样子的？该如何面对死亡……这些关于死亡的话题，生活中的我们好像很少考虑，也很少讨论。或许，死，在我们的传统意识里，多少是一个令人忌讳的字眼。也正因此，纵观我们一直以来的教育，关于死亡的教育，几乎是一片空白。甚至于当保险公司人员诚意向我们推荐一些与死亡有关的险种时，我们几乎条件反射般怒目而视然后将其拒之于门外。这难道不是典型的鸵鸟精神吗？不谈死，死就不存在了吗？

佛家有云：“我本不欲生，忽而生在世；我本不欲死，忽而死期至”。人的死亡和人的出生一样，是个人无法选择的。无论是谁，最终都要告别所爱的人，告别世间的忙碌，一个人静静面对死亡。

一切生命有生必有死，这是任何生命形式都无法抗拒的自然规律。作为一般的生命形式，生就生了，死就死了，几乎没有讨论的价值。然而，人作为高等动物，由于拥有自我意识，能够将生命作为意识的对象来看待——能够将“我本身”作为思维的客体来认识，也就是说，无论是生命的起源、生命的过程或生命的延续都成了自我意识的对象物。因而，如何面对死亡的问题，也必然成为人类各民族文化的核心问题之一。

如何面对死亡，没有任何人可以相互取代，只能取决于个人的态度。听到死神的脚步声，有的人惊慌失措，有的人视死如归，有的人淡定沉着……历史上的传奇人物，如黄继光、金圣叹，往往视死亡如无物；而更多的人是怕死的，如吕布临死前祈求当曹操的鹰犬，向忠发一被捕立即向蒋介石乞活等。

事实上，死亡并不可怕，人类无须对死亡感到恐惧。死亡存在于生命的旅途中，宛如天边的晚霞。死亡引领着一个个生命体消逝于无边的黑暗之中，但它同样是一个个美丽的瞬间，它甚至与生命初来人间时一样绚丽、璀璨……

1955年4月18日，伟大的爱因斯坦病逝。临终前，他留下一份遗嘱，在遗嘱中，有这样一节内容："在我死后，除了护送遗体去火葬场的少数几位最亲近的朋友之外，其他人不要打扰。我不要墓地，不立碑，不举行宗教仪式，也不举行任何官方仪式。骨灰撒在空中，和人类宇宙融为一体。切不可把我居住的梅塞街112号变成人们'朝圣'的纪念馆。我在高等研院里的办公室，要让给别人使用。除了我的科学理想和社会理想不死之外，我的一切都将随我死去。"

的确，对哲学家来说，死是最后的自我实现，是求之不得的事，因为它打开了通向真正知识的门，灵魂从肉体的羁绊中解脱出来，终于实现了光明的天国的视觉境界。虽然我们都不是哲学家，但最起码我们都能从哲学家的世界中汲取一点精神营养，爱因斯坦教会了我们如何看待死亡，如何直面死亡。

然而，在生活中，一些人的脑子里总是充斥着各种各样对健康和生命的忧虑，在他们眼里，似乎如果没有忧虑，人生就会显得过于苍白和空洞，简直无法继续下去。诸如，“孩子今天吃饭很少，是不是不舒服？”“最近身体不太舒服，会不会生病了？要是我生病了，孩子怎么办？”坦白地说，这些忧虑都是一些杞人忧天的忧虑。

曾经有这样一篇小说《莫亚的最后一课》，讲述的是一位身患绝症的哲学家教授，真实记录他如何面对死亡的来临。每个星期的某一天，他的学生从四面八方赶来，聚集在他的床头，听他说或大家一起讨论死亡的课题。如此一来，死亡反而就显得不再可怕了，就算是在弥留时刻，他，以及他的学生，也能坦然面对死亡。

是啊，至亲的人陪伴身边，我们就不会感到孤单，或是，给我们一句亲切的安慰，给我们一个轻吻，给我们一个紧紧的握手……就是如此简单，可能就可以给我们带来很大的安全感，让死亡不至于令人如此恐惧。

从我们出生那天起，我们就注定了难逃一死，也就是说，生与死，是一个最普通不过的命题，只可惜，我们从来只重视生的欢乐，却没有正视过死的心理问题。从人的心理角度来看，死一定是令人恐惧不安，甚至是恐怖的。既然如此，我们为什么不正视这份恐惧，然后，想方设法减少死亡来临时带给我们的恐惧呢？

对未来的不确定，让你感到迷茫

现代高速运转的社会让生活中的很多人变得焦躁起来，不少人感到迷茫，不知道未来的方向在哪里。对此，我们要想破除对未来的忧虑，就要找到清晰的人生目标和方向。

现在的你，也许正处于迷茫的人生生涯中，想要找到自己的专属舞台，却发现自己一无是处，那么长的岁月却只是走马观花，“做一天和尚撞一天钟”。或许我们太年轻，不明白自己活着究竟是为了什么；或许不曾努力，从来不相信付出就会有回报。但是，等到有一天我们明白这个道理，必然会奋起直追，为自己心中的理想而奋斗，因为我们相信，“天生我材必有用”，我们一定会找到自己的专属舞台。

一场突然而来的风暴，让一位独自穿行大漠的旅行者迷失了方向，更可怕的是装干粮和水的背包也不见了。他翻遍了所有的衣袋，只找到一个泛青的苹果。他惊喜地喊道：“哦，我还有一个苹果。”他攥着那个苹果，艰难地在大漠里寻找着出路，可是，整整一个昼夜过去了，他仍然没有走出茫茫的大漠。饥饿、干渴、疲惫，使得他好几次都觉得自己快支撑不住了，可是，看一眼手中的那个苹果，他抿了抿干裂的嘴唇，陡然又添了几分力量。他又开始继续跋涉，心中不停地默念着：“我还有一个苹果，我还有一个苹果……”三天后，他终于走出了大漠，而那个始终未曾咬过一口的苹果，已经干枯得不成样子。

一个没有目标的人就像是一艘没有舵的船，永远过着漂泊不定的生活，只会搁浅在失望的海滩。在我们人生的旅途中，常常会遭遇各种困难与挫折，但是，请不要轻易地放弃什么，否则，你很容易陷入迷茫之中。其实，人生就如在沙漠中行走，而那苹果就是我们的信念与目标，在追求目标的过程中，遇到了困难要努力坚持，因为目标与信念可以战胜一切的恐惧。在追寻理想的过程中，我们需要坚定自己的目标，只有这样我们才能稳步前进，最终实现自己的人生目标。

什么是目标？目标就是行为所需达到的目的，又是引起需要、激发动机的外部条件刺激。心理学家认为，人们的社会行为往往是内在条件与外在条件相互作用的结果。动机要能引起行动，不仅需要内在条件，还需要有一定的外在条件或环境作为刺激引起需要，如此，才能激发动机。而目标就是这些外在的刺激，它是行为动机的诱因，它能较好地刺激人们为达到自己的目的而行动。而达成目标，则使人们的某种需要得到满足。

某大学有一个非常著名的关于目标对人生影响的跟踪调查，调查对象是一群智力、学历、环境等条件差不多的年轻人。通过调查发现：27%的人没有目标；60%的人目标模糊；10%的人有清晰但比较短期的目标；3%的人有清晰且长期的目标。

此项调查进行了长达25年，最后发现那些调查对象的生活状况以及分布现象都十分有意思：那些3%有清晰且长期目标的人，25年来几乎不曾更改过自己的人生目标，25年来他们一直朝着同一个方向努力。25年后，他们几乎成为社会各界的顶尖成功人士，他们当中有白手起家的创业者、行业领袖、社会精英；那些10%有清晰但比较短期目标的人，25年后，他们大多生活在社会的中上层，他们身上有着共同的特点：那些短期目标不断被达成，生活状态稳步上升，成为各行业不可缺少的专业人士，他们的职业大多是医生、律师、工程师等；那些60%目标模糊的人，25年后他们大多生活在社会的中下层，他们能够安稳地生活与学习，但没有什么特别的成绩；剩下27%没有目标的人，25年来，他们几乎都生活在社会的最底层，而且，生活过得很不如意，常常失业，需要靠社会救济，喜欢怨天尤人。

最后，这所大学得出这样的结论："也许你现在与别人差距不大，那是因为你们距离起跑线不远，而不是你比别人聪明，或者说上天眷顾你，你是属于那10%、60%还是剩下部分，只有你自己最清楚，不过，希望你能努力成为那3%目标清晰且长远的人。"

为此，从现在起，你只需树立一个正确的理念，并调动你所有的潜能加以运用，就能破除对未来的忧虑，并帮你步入精英的行列之中。你可以记住以下几点。

1.关注未来，不要满足于现状

独具慧眼的人，往往具备人们所说的野心，不会为眼前的蝇头小利而放弃追求梦想的愿望，他们一般用极有远见的目光关注未来。

2. 为自己拟订各种阶段的目标与规划

长期目标（5年、10年或15年）：这个目标会帮你指引前进的方向，因此，这个目标能否决定好，将决定你很长一段时间是否在做有用功。当然，长期目标还要求我们不可拘泥于小节。东西离你越远，就显得越不重要。

中期目标（1~5年）：也许你希望自己能拥有房子、车子、升职等，这些就属于中期目标。

短期目标（1~12个月）：这些目标就好比在一场淘汰制的比赛中胜出，它能鼓舞你不断努力、不断前进。这些目标提示你，成功和回报就在前方，鼓足干劲，努力争取。

即期目标（1~30天）：一般来说，这是最好的目标。它们是你每天、每周都要确定的目标。每天当你睁开眼醒来时，你就需要告诉自己：今天相对于昨天，我要达到什么样的突破，而当你有所进步时，它能不断地给你带来幸福感和成就感。

总的来说，我们所有的迷茫来自没有目标，一个人只有树立了目标，有了信念，才会有力量坚定地走下去。在生活中，许多人的悲哀是："我不知道明天会怎么样。"这确实是人生最大的遗憾之一，因为"不知道明天会怎么样"的背后是一种迷茫中的沉沦，它将扼杀一个人的希望、信心和未来。一旦你陷入对未来的迷茫中，你便无法胸有成竹地向一个明确的目标迈进。有些人一生碌碌无为，这并不是他们没有才华和能力，而是他们始终"迷茫"，他们只会埋怨"生不逢时"，或者抱怨"伯乐"有眼无珠，任自己的才能被埋没，无处施展。

第 10 章
选择焦虑，坚定己心是对抗焦虑最好的方法

有人说，我们的人生就是选择的结果，而选择就意味着要舍弃。谁都想获得，而不想失去，正因为这一点，人们在选择的时候才容易焦虑，我们称为选择焦虑，而现在越来越多的人有这种困扰，当今社会，“选择焦虑症”也越来越受到人们的重视。一遇到需要做决定的问题，就会焦虑、紧张、心虚、头晕、坐立不安。那么，你要当心自己可能患上了选择焦虑症。而要对抗选择焦虑，需要我们坚定自己的选择，进而做到下了决心就不再动摇。

机遇面前，如何选择——选择焦虑

生活中，我们经常要面临两难的抉择，尤其是在现在这个信息多而乱的社会，做出正确的抉择更不是一件易事，这就需要我们有出色的判断能力。然而，一些人在做出这个难以抉择的决定后，却因为害怕失败和失去，而左右迟疑、当断不断、不愿实施，为自己带来很多困扰，甚至是焦虑，我们将之称为选择焦虑。

那么，人们在取舍的时候，为什么常常犹豫徘徊、举棋不定？就是因为害怕承受不了取舍后的后果，就是害怕将来要后悔，所以每面临一次取舍，都会更加谨慎和理智，选择一种自己能够承受的痛苦来承担。

如果说决定之前最重要的是谨慎，那么，决定之后最重要的就是不要后悔。无论你选择哪一种状态，都会有缺憾，最关键的是你能不能享受自己的选择。如果总是在一边选择、一边后悔，人生就没有任何快乐可言，取舍就变成一种没有意义、没有价值的行为。既然选择不能让自己避免两难、避免遗憾，还有什么必要做出取舍呢？

法国哲学家布里丹曾讲过一个他亲身经历的故事：

他曾养了一头小毛驴，他每天都会向附近的一个农民购买草料来饲养小毛驴。

这天，好心的农民给布里丹多送了一捆草料，农民将两捆草料分别放到小毛驴的两边。

就这样，面对数量、质量和与它距离等同的草料，小毛驴很纠结，它虽然享有充分的选择自由，但由于两堆干草价值相等，客观上无法分辨优劣，于是它左看看、右瞅瞅，始终也无法分清究竟选择哪一堆好。

于是，这头可怜的毛驴就呆呆地站在原地，一会儿看看左边，一会看看右边，一会儿分析分析数量，一会儿想想质量，犹犹豫豫，来来回回，在无所适从中活活地饿死了。

小毛驴在充足的两堆草料面前，却落得个饿死的下场，真是令人匪夷所思。可见，迟疑不定不仅对人们做出正确的行为无丝毫的帮助，还会让人们延误时机，甚至酿成苦果。实际上，除了动物以外，人类似乎也在重复这个幼稚的错误。

如果一个人一边做出选择，一边后悔、愧疚，他永远不可能安心快乐。既然做出了选择，无论痛苦还是后悔都无法改变已经造成的后果，都不可能重新选择一次，唯一让自己安心的方式就是相信自己的选择是正确的，也许会在未来被证明是正确的，在明天带给你某些好处，只有这样想才能让事情朝着积极的方向发展。

任何选择都是这样，无论你决定了怎样的取舍，事情都可能朝着好的方向发展，也都可能朝着坏的方向发展，而“后悔”“遗憾”这种感情往往是事情朝着坏的方向发展的催化剂。往往你看到了什么就拥有了什么，你感受到了什么，你的人生就是怎样的。没有什么错误比在做出决定后去后悔更加严重，“逝者已矣，来者可追”，只有朝前面看，才能安心。

每一次的取舍不妨都淡然处之，就算错了，以后也总会有一次改正的机会，遗憾是最没有用的事情，只要取舍之前做了反复的思量和比较，做了谨慎的处理，就没有什么可后悔的。失去的就是你不应该得到的，强化自己主观得到的，并不断赋予它更高的价值、更丰富的含义，才是更重要的事情。既然选择了，就要有勇气担当。

的确，有时候，当需要我们执行的时候，当断不断，必受其乱：为人处世，必须坚决果敢，当机立断，一旦决定下来就应该马上去做，如果前怕狼、后怕虎，只会白白丧失很多机会，考虑太多只会造成“竹篮打水一场空”。生活中的我们，也应该记住这个道理：只要是自己认定的事情，绝不可优柔寡断。犹豫不决固然可以免去一些做错事的机会，但也失去了成功的机遇。

这个道理同样可以运用到如何抓住机遇上，在你决定某件事情之前，你应该运用全部的常识和理智慎重地思考。如果发现好的机会，就必须抓紧时间，马上采取行动，才不至于贻误时机。如果犹豫、观望而不敢决定，机会就会悄然流逝，令你后悔莫及。瞻前顾后的习惯使人丧失许多机遇，很多时候、很多事情，如果我们能横下心去做，事情的结果就会大不相同。

那么，如何克服这种焦虑的习惯呢？经验证明以下方法卓有成效，不妨一试：做事时，要有“今天是我们生命中的最后一天”的“荒诞”意识。

“假如今天是我生命中的最后一天”，这是美国畅销书《世界上最伟大的推销员》的作者奥格·曼狄诺警示人生的一句话。真的，无论是谁，无论想干一件什么事，如果优柔寡断的话，就会一事无成。而这种意识，恰恰是一把利刀，可立即斩断你的优思愁缕，也像一口警钟，督促你当机立断，刻不容缓。

同时你还要放下包袱不顾一切，要有一种豁出去的心态。“大不了就是做错了”“大不了就是被人笑话一顿”，而这些又能对你怎么样呢？一旦你有了这样一种意识，肯定就会敢做敢当，优柔寡断的现象肯定会在你身上消失得无影无踪。

不要小看了优柔寡断的习惯给我们带来的副作用，许多可以改变命运的契机，都因为我们的优柔寡断而与我们失之交臂，永不再来。

要摆脱这种苦恼，我们就要训练自己的判断力，要坚定、勇敢、自信、果断，你若一直朝着目标前进，那么，他人一定会为你让路。而对一个摇摆不定、踟蹰不前、走走停停的人，别人一定会抢到他前面去，绝不会给他让路。

先工作，还是先考研——如何对抗毕业焦虑

当今社会，随着社会竞争的逐渐加大，很多毕业生在走出校门的那一刻，就感受到巨大的压力，而且用人单位的要求越来越高，所以“毕业等于失业”成了广大毕业生互相调侃的话语。的确，由于最近几年教育水平的提高、高校的普遍扩招等，大学生已经不再是稀有“动物”，不少大学生在毕业后未找到理想的工作，有的甚至会待业好几年。所以，为了提升自己的竞争实力，不少毕业生选择继续深造——考研。不过，考研意味着丧失几年的工作经验和社会阅历。那么，此时，站在毕业的十字路口，到底是工作还是考研？这无疑成为摆在很多大学生面前的一大难题，这一困扰也被人们称为毕业焦虑。

为了对这一问题有个系统的研究，调查人员走访了很多的高校，经过了解，不少大学生在度过无忧无虑的大一、大二生活之后，在大三阶段就开始有了考研的计划，用他们的话说就是:“没办法，这是为了以后的就业起点更高一点。”但是，随着国家对研究生招收政策的调整，毕业生到底应该提早准备考研还是选择毕业后尽早工作、融入社会？如果选择考研应该注意哪些方面的内容？哪些学生适合考研？

对于面临毕业的大学学子来讲，是考研还是就业，成为一个现实的两难问题。调查发现，大学生选择考研的原因可以总结为以下三种。

其一，继续深造，提升自身知识储备和专业技能。

其二，从众心理，也就是别人考研，自己也考研。迷迷糊糊度过大一、大二，进入大三迷茫期，很多大学生开始焦虑、反思。看着同级的学生或考研，或考公务员，或签事业单位，自己也跟着他们复习考研、考公务员。

其三，逃避社会竞争。毕竟考研以后还能继续留在学校，不必面对残酷的社会竞争和职场厮杀。

一位考研的学生说:“上了大学以后什么都是新鲜的，所以大一、大二都没怎么好好学习，现在大三了周围的人似乎都在忙着考研、考公务员，自己也赶紧买了一套考研的书。”

既然决定了要考研，那么，接下来我们要考虑的就是专业和学校，考研专业的选择和学校的选择息息相关，不可分割，其中一个要注意的因素就是跨专业考研问题。

如同上大学之前要面临选专业的问题一样，考研也要面临一个跨专业考研的问题。这样的大学生一般是出于就业形势和个人兴趣爱好两方面的考虑。

例如，有位女生在谈自己的专业选择时就坦言：“我自己是历史系的，大部分同学毕业以后可能去当老师，但是我打算考法律系的研究生，这样以后的就业比较有保障。”当然，还有大部分学生选择跨专业考研是出于个人喜好及特长等原因。除此之外，所选专业录取分数线的高低也是很多大学生跨专业考研的一大推力。

其实跨专业考研的难度还是比较大的，我们都知道跨专业考研就意味着我们将要对完全一无所知的专业课知识从头学起，而且是没有老师教的纯自学，同时还要复习公共课内容，这样考研的难度就被大大地提升。考研专业老师提醒广大考生，专业选择跨度不宜太大。跨考之前要将原专业和新选择的专业进行对比，综合考虑到底哪个才是适合你的专业，跨专业考研有利有弊，提倡理智选择。

首先，对于已经决定考研的学生来说，一定要对自己的优势和弱势做出恰如其分的分析，在弱项上加以突破和辅导，这样才有可能成功。

其次，对于一些准备报班复习的毕业生来说，先要做好准备工作，对所报的班有充分的了解，如师资力量如何、硬件设施是否到位、课程安排是否科学合理、是否刊印自己的内部资料等，都是需要进行调查和了解的。

最后，要多方参考考研过来人的意见。眼见为实，耳听为虚，考研辅导班是否具有实用价值，哪个辅导班培训效果最好，大概也只有考研过来人才最有发言权。请教已经考上研究生的师兄师姐最为放心，得到的信息点也是最为直接的。

要不要买，买哪个——购物焦虑症

现代社会，随着商品的多样化，以及人们购物能力的提升，从线上到线下，商品琳琅满目，你想要的商品，总是能买到。那么，对于有购物焦虑症的你来说，是不是对着漫天优惠迷茫得无从下手？感觉“选择困难症”又发作了？

以网购为例，一些人看见自己喜欢的东西就买，或者只要是需要的东西就下手，但是有些人却是将喜欢的东西都放到购物车里，其实价格并不贵，但是就是没去买，不停找同款，常常和客服沟通，最后也没买，从夏天放到冬天然后下架，这就是购物焦虑症的典型表现。

有的人就是天生的纠结帝，小到中午吃饭去哪吃，大到毕业后是考研、出国还是工作都得苦思冥想一番，越想越迷茫。对于这些人来说，选择越多，焦虑越多，越难以做出取舍。

那么，我们该如何克服购物焦虑症呢？

1.减少可选商品数量

消费主义研究显示，面对的相似产品越多，购物者的选择焦虑就越严重。在这种情况下，减少现有选择的商品数量能够减轻焦虑并有助于购物者做决定。

例如，实体店购物时，少逛几家店，没有那么多的选择，就少了选择焦虑。网上购物时，少浏览一些购物网页，也能达到这一效果。

2.记住满意比最优重要

很多人纠结买哪个、买不买的一个重要考虑因素就是他们希望找到最好的产品，而他们忽视的一点是，世上并没有完美的东西，所以，与其纠结，不如选择自己最喜欢的。

3.牢记你的购物初衷

其实，在做一件事情的时候，酌量考虑它的目的在哪就好了，千万不要想太多。如果你购物是为了买一个实用的，想用很多年的东西，货比三家是最好的，你会发现这种态度帮你省去了许多麻烦，买回来的东西也容易符合自己的要求。如果你购物是为了“疯狂买买买、购物爽一爽”那就见到喜欢的就买，千万不要选来选去，而且买完后也千万不要有后悔的心情。

4.实体店购物时可以找个个性果决的朋友陪同

在实体店购物时可以找个性果决的朋友陪同，这样，当你拿不定主意买哪件的时候，可以问朋友的意见，也许能对你有些帮助。

5.买完就不要后悔

人生不如意事十有八九，我们总不能期盼什么东西都一定要满足自己所有的需求（又便宜、又美观、又实用）。放下执着这种事，还是得要自己不断地去尝试，毕竟鱼与熊掌不可兼得。

当然，那些喜欢货比三家的人其实也有一些优势，他们会精挑细选，好像恨不得在每家店都找出不足之处再斟酌比较。这样能避免冲动购物，也能有效防止购买到假冒伪劣的产品，当然，这也浪费了时间和精力。因此，我们在购物时，最好还是坚持理性的原则，不必过多纠结。

职场跳槽要谨慎——跳槽焦虑症

身处职场，我们发现，有这样一些人，他们在工作几年后，认为自己已经有了相当的价值，但自己的职位、薪水并没有达到理想的状态。他们认为在自己目前的岗位上熬年头实在太慢，于是，他们疯狂地在各大招聘类网站寻求信息，并寄出简历。这部分人的初衷其实也不一定想离职，他们只是想了解自己的身价，也是在得到自己的职业生涯反馈。这种现状，在心理学上被称为“跳槽焦虑症”。

跳槽焦虑症的主要症状包括：阶段性地厌倦工作，想要换个新环境；总是对各类岗位信息高度敏感，时刻利用各种机会寻找新机会；对职位和薪水增长的追求“永无止境”等。

某职业咨询机构经过研究发现，“跳槽焦虑症”正在袭扰中国城市的白领，尤其是工作2~3年的年轻白领，是“跳槽焦虑症”的高发群体。

的确，当今社会，跳槽已经成为职场上一种常见的现象。但无数过来人都会对我们千叮咛、万嘱咐，不要盲目地跳槽，也不要频繁地跳槽，如此种种，都会使用人单位对你的信誉大打折扣，弄不好还会使你的职场之路变得坎坷。关于这一道理，恐怕每个职场人士都知道。但即使如此，工作中难免还是会出现一些不得不让我们跳槽的情况，跳槽没有错，但我们要学会为自己寻找跳槽的时机，切不可心血来潮。

小妍毕业于一所著名的大学，学的是中文专业，在校时就有“才女”之称。4年前，她在家人的劝说下，进入某图书馆工作，但干了3个月，年轻活泼的她就感到浑身不得劲，上班一杯茶、一张报纸，帮领导打印材料，或接电话。经过再三考虑，她不顾家人、亲友的反对，毅然辞职，应聘到一家房产开发公司当秘书。开始时她干得还比较顺心，但后来在一次单独和经理出差途中，这位有妇之夫开门见山地许以重金，要求小妍做他的“金丝鸟”，小妍一口回绝了。

隔日，她就递上一份辞职报告，炒了老板的“鱿鱼”。接着她又到另一家房地产公司打工，说是做办公室工作，但老板一会儿要她帮忙交手机费，一会儿又要她帮忙接送小孩……小妍感觉自己简直成了勤务员。一气之下，她又跳槽了。就这样，在不到两年的时间里，她换了八九个工作单位。但令她头疼的事情出现了，和男朋友马上要结婚的她，身上居然连一分钱的存款都没有。她想，至今还被父母养着的自己总不能以后还被丈夫养着吧。

可能小妍的情况在很多刚入职场的新人身上都发生过。因为频繁跳槽导致工作几年来依然如刚毕业时一般没有工作经验、没有积蓄，生活也没有定心力，永远奔波于招聘会、找工作之中。

的确，要寻觅一份理想的工作并非易事。于是，先就业后择业的观念在年轻人中更为突出，他们求职择业，不再像过去一样追求一步到位，而是寄希望于先积累工作经验，等自我价值得到较大的提升后，再找一份理想的工作。跳槽并没有错，但跳槽必须准备充分，准备充分就容易成功，准备不够就是撞大运，万一没有撞好，不仅浪费时间，还会耽误职业发展进度。此外，跳槽、转行还需要选择适当的时间，同样是你，同样的准备，跳槽时间不同，收获也将有很大的差别。那么，我们到底该如何跳槽呢？

1.培养内线，找到空缺职位

就公司雇佣程序看，除非是流失率非常高的公司、领域，一般大规模招聘机会很少。一般公司出现岗位短缺，内部人员是最早得知信息的。而这时，招聘也主要依靠内部员工介绍，所以，如果你有了目标公司，不如看看有没有人可以推荐自己，那样跳槽的成功率要高很多，因为那时竞争明显小很多。

2.先了解新公司

对新公司的了解非常重要，求职前，要先了解一下公司的情况：公司所在地、规模、架构、背景、经营模式、目前的发展状况和未来的发展规划等最好事先有概略性的了解，如无法得到书面资料，也要设法从该公司或其同行中获得情报，包括业绩的表现、活动的规模，以及今后想要拓展的业务等。

另外，通过应聘企业的文化，可以判断出企业的环境是否公平，如果入职该企业，上升通道中是否有被限制因素。避免因为急于找到工作而上当受骗。进入某个公司也不要盲目欢喜，要谨慎地观察、思考，有没有进错公司。

3.拿到自己的报酬后再跳

聪明的职场人士不会意气用事，他们不会笨到在本月工资未拿到之前就卷铺盖走人。如果你的薪水是绩效形式的，如销售行业，你更应该慎重，毕竟你辛苦了这么长时间，而且，如果你打算继续从事老本行，那么，你的业绩直接关系到你在市场、行业内的身价。

4.“骑驴找马”或“骑马找马”

可能你最担心的问题是跳槽风险的问题，其实，最保险的方法是先不要急着辞职，先干好本职工作，同时，瞅准机会，一旦有了跳的可能，就迅速抓住机遇。现在很多职场人士都明白，没有和新东家谈好之前，不露任何的蛛丝马迹。

可见，跳槽、转行的时间选择很有学问，任何一个职场人士都要仔细研究自己所在行业、职位的跳槽、转行时间，选择适合、适当的时间，这样才能抓住机遇，为提升自己创造良好的契机，达到跳槽、转行的预期效果。

总的来说，无论如何取舍，都不会有人为你的失误买单，是否跳槽，来自你自己的选择，它存在风险。因此，工作不顺的情况下，即使跳槽，你也要考虑清楚，不可盲目跳槽！

到底谁才是对的那个人——剩男剩女的焦虑

自古以来，美好的爱情和婚姻都是人们所向往的，“父母之名，媒妁之言”是古人婚恋的准则，然而，不知道从什么时候开始，婚恋交友这件原本羞涩而私密的事情，变得越来越公开和高调，但是，外表的骚动并没有让更多的人找到合适的交往对象。对于一些大龄青年来说，他们通常会保持两个阵营：一是觉得自己年龄大了，不如放低择偶标准；二是即便自己是“剩”下来的，但还是不会放低自己的择偶标准。为此，在不少青年人中流行这样一句话：“宁缺毋滥。”意思是，宁愿找不到对象，也不能随便找个人结婚，凑合过日子。

除了因为年纪大而产生的恐慌和焦虑外，一些人还容易产生这样一种心理：看到别人出双入对，内心不免产生落寞感，一些人还甚至因为“寂寞”而进入婚姻，一些人尤其是女性容易有种恐慌，一旦年纪大了，就好像真的被剩下来一样，觉得自己择偶的范围一下子变得狭窄了，貌似自己真的到了没人要的地步。在这样的恐慌中，她们竟像到菜市场买菜一般，不挑选，随便就找个男人凑合过日子。这样的女人就是将自己放低了，从而局限了自己，而这样随意寻找的对象组成一个家庭，是很难幸福的。

小桃有一段长达5年的感情经历，她和男友感情不错，但这段感情还是以男友出国而结束，小桃很难过。现在的她，也28

岁了，她已经习惯了有男友陪伴的日子，所以，分手后，充斥她心里的不仅是难过，还有很多不适应，而在这个时候，她单位的一个男同事闯入了小桃的世界。

这个男人对她很好，每天早上给她带早餐，下午会绕道开车送小桃回家，一来二往，两个月以后，他向小桃求婚了，身边的朋友都劝她答应，因为真的到了结婚的年纪，而小桃自己也习惯了被人照顾，所以她就答应了。

然而，结婚后，小桃发现，她根本不了解这个男人，追自己的时候，他殷勤备至，对自己很贴心，但是娶回家，却拿自己当保姆，小桃哪里愿意这样被人支使？两人经常吵架，小桃没想到的是，有次他竟然醉酒打了她，这是小桃绝对不能忍受的，她想到了离婚，但是才结婚不到半年，这让外人怎么说？现在的小桃特别苦恼。

案例中的小桃之所以盲目进入婚姻，就是年龄惹的祸。失恋后，她发现自己已经年纪大了，产生了焦虑感，于是，她很快找到了结婚对象，但事实证明，她太草率了，这样的婚姻，大概也只能以离婚收场。

调查显示，相对经济窘迫的剩男，剩女多为高智商、高学历、高收入的“白骨精”，在经历过刚被叫“剩女”时的急躁和担忧之后，现在许多大龄剩女却有一种前所未有的坦然。

一位30岁的高级白领说：“我未来的丈夫要有梁朝伟的外貌加蔡康永的口才，要能够顾及削苹果、剥虾壳这类小事，不一定要有肌肉，但要爱运动，要有学问，最好对某种东西有深度的研究以便让我产生持久的崇拜感。另外，我认为好男人还要适当有点坏。”尽管她还没遇到这样的男性，但她并不打算放低自己的择偶标准。因为站得比较高，因此她并没有局限自己，从而降低自己的择偶标准。

同样，现代社会，越来越多的人开始更加注重婚姻质量以及在家庭中的地位，他们之所以有能力徘徊在婚姻的围城之外，这与他们能对抗大龄焦虑有很大的关系。相反，一些人会为了结婚而结婚，他们害怕被剩下，单身对于他们来说太难熬了，所以他们会盲目进入婚姻，而进入婚姻后才发现自己错得离谱。

无论男女，即便你已经被剩下了，无论是什么原因，都不要怀疑自己的价值和魅力，不要因此焦虑，更不能将就进入婚姻，需要坚持宁缺毋滥，不要委屈自己，毕竟结婚是一辈子的事情，选错了那就输了一辈子。对待择偶，需要慎重又慎重，站高一点，而不是局限了自己。

参考文献

[1]江丰.我们为什么如此焦虑[M].北京：台海出版社，2017.

[2]克肖，韦德 .反焦虑思维[M].方一云，译.南京：凤凰文艺出版社，2017.

[3]陈东城：焦虑心理学[M].北京：中央编译出版社，2017.

[4]李少聪.戒了吧！焦虑症[M].北京：煤炭工业出版社，2016.